生活技能　701

開始
在家煮咖啡

文字⊙林夢萍
攝影⊙賴光煜

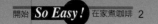
So Easy

一切就要開始發生......

開始玩居家  盆栽

開始在家  煮咖啡

開始旅行說英文

開始隨身帶 數位相機…

延伸生活的樂趣，
來自我們開始的探索與學習，
畢竟生活大師不是天生的，只是很喜歡嘗新罷了。
這是一系列結合自己動手與品味概念的生活技能書，
完全從讀者的實用角度出發，
希望以一目了然、輕鬆閱讀的圖像編輯方式，
讓你有信心成為真正懂得生活的人，
跟著Step by step，生活技能So Easy！

在家也能喝到好咖啡

你是否曾經對某家咖啡館裡的香味念念不忘，
同時又對咖啡館的咖啡祕技感到好奇呢？
除了在咖啡館對一杯好咖啡品頭論足外，

其實在居家生活裡，
只要挑對咖啡豆、選對煮咖啡的壺具、
再加上煮咖啡的基本常識、依據自己的口味來作調整，
一樣可以成爲煮咖啡的箇中好手，
想成爲品味咖啡的大師，眞的一點都不難！

在本書step by step的圖文解說下，
強調自己動手做的樂趣與訣竅，
清楚解析煮好一杯咖啡的要領，
詳盡完整的內容，讓你一卷在手，
就能迅速掌握怎樣煮咖啡的實用資訊。

暖好咖啡杯，換上一雙舒服的拖鞋，
讓我們一起從煮咖啡的醇香中開始吧！

主編　朱仙麗

編者群像

總編輯◎張芳玲

跨書籍與雜誌兩個領域，
是個企畫與編輯實務的老將。
曾經為中國時報、ELLE等知名媒體執筆生活休閒情
報，自太雅生活館出版社成立至今，一直擔任總編輯
的職務。

書系主編◎朱仙麗

右手寫旅遊與寵物書，左手編輯各式生活品味書，熱愛生活裡的吃喝玩
樂，曾任休閒生活、商周顧問、花旗大來卡、旅點旅遊雜誌執行編輯，
現為太雅書系主編，主編過《幼犬選養圖鑑》、《大阪》、《福岡》 等
書，著作：《熱狗哈燒舖》、《貓咪百貨公司》。

企宣主編◎沈維巖

負責太雅生活館的「個人旅行」書系，打開國人自
製企畫海外旅遊工具書的風潮，其書系深受自助旅
行家的喜愛。
同時他也是本出版社的企宣主編，負責所有媒體聯
絡事宜。著作：《台南》。

文字◎林夢萍

曾經做過的事都和傳播及旅遊有關，
休閒生活雜誌主編、旅行社領隊、
Travelline主編等，現在在廣播電台當
記者。熱愛咖啡、喜歡旅遊、做自己
喜歡的工作，保持和諧溫暖的人際關
係，一如她永遠甜美的笑容。

攝影◎賴光煜

曾從事許多雜誌的攝影，
目前自組「造像個體戶」攝影工作
室，非常迷戀有關咖啡的事物。
著作：太雅生館的《龍潭》、《主題
樂園》、邦聯文化《浪漫下午茶》之
攝影部份。

美術設計◎芄芄美術設計工作室

成立12年，主要從事商品包裝、海報、公司簡介、型
錄的設計，近5年開始投入國內書籍封面及內頁版型
設計，合作過的出版社有：太雅生活館、台視文化、
遠流、九歌、稻田、天下雜誌等。

國家圖書館出版品預行編目資料

開始在家煮咖啡／林夢萍文字；賴光煜攝影.
——初版. ——臺北市：太雅，2002〔民91〕
　　面；　公分. ——（生活技能；701）

ISBN 957-8576-20-X（平裝）

1.咖啡

427.42　　　　　　　　　　　　90022681

感謝贊助

一、咖啡廠商

越昇國際：台北市仁愛路四段464號1樓
02-27208619

佳及雅：台北市金華街三十之一號
02-23210488

美福：台北市民生東路四段123號
02-27122555

U C C：台北市松江路125號3樓
02-25069993

IS COFFEE：台北市忠孝東路四段71號
02-27811171

西雅圖：台北市忠孝東路四段335號
02-87919191

真鍋珈琲：台北市民生東路五段99號
02-27670903

客喜康：台北市重慶北路三段274號
02-25959909

丹堤：台北市民權西路34-1號
02-23693423

哈拉里：台北市中山北路一段92號1樓
02-25621786

**特別感謝開元食品協助本刊示範
製作花式咖啡**

二、專賣店

1.峰大：台北市成都路42號
02-23719577

2.南美咖啡：台北市成都路44號
02-23313689

3.烘焙者：台北市內湖路一段405號
02-27994966

4.品皇咖啡：台中市西屯路一段230~6號
04-22030597

5. 4C CAFE：台中市向上南路一段243號1F
04-24720539

三、杯組、器材等照片拍攝

開元食品公司：台北市民權東路二段152號
02-25034622

HOLA特利和樂：台北市內湖區新湖三路23號
02-87915566

民丰公司：台北市永康街12-4號1樓
02-23517760

Wedgwood
誠品敦南店：台北市敦化南路一段
245號G樓 02-87898880

我悅公司：台北市重慶南路一段10號11
樓1101室 02-23712143

太雅生活館 編輯部
TEL：(02)2880-7556　FAX：(02)2882-1026
E-mail：taiya@morningstar.com.tw
郵政信箱：台北市郵政53-1291號信箱
網址：http://www.morningstar.com.tw

發 行 人	洪榮勵
發 行 所	太雅出版有限公司
	台北市111劍潭路13號2樓
	行政院新聞局局版台業字第五○○四號
印　　製	知文印前系統公司 台中市407工業區30路1號
	TEL：(04)2359-5820
總 經 銷	知己圖書股份有限公司
	台北分公司 台北市106羅斯福路一段79號4樓之9
	TEL：(02)2367-2044　FAX：(02)2363-5741
	台中分公司 台中市407工業區30路1號
	TEL：(04)2359-5819　FAX：(04)2359-7123
郵政劃撥	15060393
戶　　名	知己圖書股份有限公司
初　　版	西元2002年2月28日
五　　刷	西元2005年3月15日　（12,001～14,000本）
定　　價	250元　特價199元

（本書如有破損或缺頁，請寄回本公司發行部更換；或撥讀者服務部專線
04-2359-5819）
ISBN 957-8576-20-X
Published by TAIYA Publishing Co.,Ltd.
Printed in Taiwan

How to use
如何使用本書 ·····

本書特別規劃台灣買得到的咖啡豆、家用型咖啡壺、單品咖啡的世界、自己做花式咖啡、咖啡好搭檔、咖啡杯具之美等六大單元，讓您在圖文並茂的輕鬆示範中，成為品味咖啡的箇中好手。

如何使用本書

1.台灣買得到的咖啡豆：

推薦十大咖啡進口廠牌、咖啡豆專賣店、上網買咖啡等內容，讓你掌握咖啡豆資訊、挑對咖啡豆。

2.家用型咖啡壺：

法式、虹吸、義大利、摩卡、美式、濾泡式六種咖啡壺完全解析，讓你一目了然地快速掌握煮咖啡的要訣。

3.單品咖啡的世界：

介紹巴西、藍山、哥倫比亞、曼特寧、瓜地馬拉、夏威夷可娜六種極受歡迎的單品咖啡，從產地、特色一一道盡單品咖啡的香醇。

4.自己做花式咖啡：

從卡布奇諾、皇家咖啡、義大利拿鐵、冰摩卡...等十一種花式咖啡步驟大公開，讓你在家就能煮出花式咖啡好味道。

5.咖啡好搭檔、咖啡杯具之美：

從咖啡周邊工具以及典藏的咖啡杯具賞析及選購，讓你不僅會煮咖啡，還能對咖啡流行文化瞭若指掌。

③ 各個咖啡專賣店的
特色

以顏色標明本篇主題 ②

① 以顏色區
隔各大篇
章

店家位置的路線圖 ⑥

④ 店家推薦→本店最佳
選擇的咖啡豆

⑤ 購買咖啡的基本資訊

⑧ 小訣竅→讓你掌握
煮咖啡的成功要訣

⑦ 以標示清楚的編號,教
你按圖學會使用方法。

⑨ 採買注意事項→讓你第一次買咖啡壺
就得心應手。

如何使用本書

台灣買得到的
咖啡豆

Caffe Italy、illycafe kindines、UCC
R＿＿＿古琪爾摩、哈拉里、KOH KAN
真鍋＿＿cafe、南美咖啡、品皇咖啡
蜂＿咖啡、烘燻者＿＿＿

Caravaly

主力產品 Best Choice

Espresso Classico 650/lb：以中美、東非、印尼等地的咖啡豆綜合而成，烘焙方式比傳統西雅圖風味深，稍帶酸味，風味強烈，口感豐富，以義式咖啡機細研磨，更能極致展現它的特色。

店家推薦 Special Choice

Roaster's Choice 650/lb：豆大色深而圓潤，散發淡淡的烘焙香氣，是Caravaly 依秘方煎焙而成的頂級調合式咖啡，適合早晨享用。

Cafe Modello 650/lb：綜合印尼、中美、南美的咖啡豆，融合豐富的口感，氣味濃烈。

Pacific Blend 630/lb：綜合中美、南美之咖啡豆，氣味芳香，口感明亮溫暖。

在台灣已經有相當歷史的Caravaly，老咖啡客一定不陌生，Caravaly從1969年進入台灣市場，1972年1月起由佳及雅代理。Caravaly原本是starbucks coffee & tea的批發部門，1987年6月由一群喜好咖啡的投資者購買，成為獨立自主的公司，並將總公司設於華盛頓西雅圖。

1998年左右，Caravaly被另一家美國大廠Javacity 併購，並在去年將公司及工廠遷到沙加緬度。兩家公司雖然合併，仍保留原有品牌，Javacity走中價位路線，主要市場在美國西岸，在舊金山及洛杉磯處處可見；Caravaly則是高品質高價位，最大輸出國為台灣，最大客戶則是西北航空，因此只要搭乘西北航空，就可以在飛機上聞到濃濃的Caravaly香。

哪裡買得到：

佳及雅西門店：台北市峨嵋街52號3樓
　　　　　　　02-23886588

音 樂 迴 廊：台北市中山南路21~1號
　　　　　　　0927-071221

歐 薈 咖 啡：台北市南京東路五段123巷
　　　　　　　15號 02-27695451

普 羅 咖 啡：台北市仁愛路四段345巷15
　　　　　　　弄4號 02-27311232

領事館咖啡：台北縣淡水鎮中正路275號
　　　　　　　02-26228529

海 因 斯：基隆市仁三路53號
　　　　　　　02-24253861

佳及雅新竹店：新竹市信義街68號B2
　　　　　　　03-5268660

拿 　 　 鐵：新竹市民族路113號1樓
　　　　　　　03-5429996

佳及雅台中店：台中市三民路三段161號11樓
　　　　　　　04-22211287

糖 村 一 店：台中市文心路四段601號1樓
　　　　　　　04-22421084

魔 法 師 一 店：台中市精明一街63號
　　　　　　　04-23290698

O i l i l y：台南市崇學路213號
　　　　　　　06-3368008

佳及雅高雄店：高雄市和平一路218號10樓
　　　　　　　07-2220800

P s 咖 啡：花蓮市一心街32號
　　　　　　　03-8320929

思 想 起：花蓮市大同街87號
　　　　　　　03-8311015

代理商：佳及雅
地　址：台北市金華街30-1號
電　話：02-23210488

值得一試 Others

1. Viennese Blend 650/lb：在拉丁美洲咖啡豆中混入百分之二十五的義大利煎焙，口感濃郁，適合在晚餐後來上一杯。

2. Colombia Supremo 650/lb：來自哥倫比亞的頂級咖啡豆，酸味適中，質地圓滑，具特殊的狂野氣息。

3. Cafe Della Serra 670/lb：五分之四的Cafe Modello加上五分之一的Italian Roast，經過深度煎焙，使得Modello多了份成熟的韻味。

4. Cafe Europa 670/lb：大膽結合來自美洲、非洲、印尼最佳產地的咖啡豆，氣味濃郁，並散發特有的芳香。

5. French Roast 660/lb：挑選「Strictly硬豆」經過最深度的煎焙，這種烏黑的咖啡豆在煙燻的色調中具有獨特的風味，屬於個性化咖啡。

6. French Roast Decaf 700/lb：由深層煙燻烘焙而成，低咖啡因，適合傍晚時享用。

7. Espresso Classico Decaf 650/lb：以歐洲方式深度煎焙而成，散發煎焙的香味，口味具深度，帶有歡愉的氣氛，適合晚餐後享用。

8. House Blend 600/lb：中美及南美咖啡豆之綜合，口味較淡但口感生動活潑，具有濃郁氣味。

9. House Blend Decaf 650/lb：綜合中美及南美咖啡豆，去咖啡因後再烘焙，口感豐富圓潤。

10. Espresso Italiano 670/lb：以手工方式進行義式深度煎焙，風味甘醇、豐富、平順，具傳統義大利的天然土地芳香。

11. Italian Roast 670/lb：較Espresso Classico略為強烈，略帶酸味，具香氣，口感強烈。

12. Seattle Blend 650/lb：中美調合式咖啡，以傳統西雅圖方式製造，香醇順口，口感甘醇，略帶深度煎焙的芳香。

13. Viennese Blend Decaf 700/lb：以百分之七十五的Decaf House Blend及百分之二十五的Decaf Espresso綜合而成，酸苦適中、溫和順口而具深度。

14. Vanilla Creme 700/lb：口感甘甜豐富，散發淡淡奶香，如同在咖啡中加入冰淇淋，但不含卡洛里。

15. Hazelnut Truffle 700/lb：結合巧克力、咖啡及榛果，口感平順，細細品嚐特別有驚喜。

認識十大咖啡進口廠牌 Caravaly

illy

illy

illy以百分之百Arabica 咖啡豆製成，咖啡因含量比Robusta咖啡豆低，每顆豆子都經由光譜儀機器選出，刪除劣質品，同時採專利「惰氣」加壓包裝，保鮮期可達三年，乾燥度達97%以上；而illy也是全球第一家同時獲得ISO9001認證及法國品質認證標章QUALITE'FRANCE的咖啡烘焙商。

台灣買得到的咖啡豆

意利咖啡公司1933年成立於義大利東北部的海港城市翠艾斯提(Trieste)，創辦人法蘭西斯在義大利咖啡機的發展史上占有重要地位，他首創以加壓方式保存咖啡豆，也為自己贏得「高品質咖啡製造者」的美名。

意利咖啡公司每年生產600萬公斤以上的咖啡豆，行銷地區囊括全球六十多個國家，在北美和歐洲市場佔有一席之地。台灣則是自十年前引進，目前在許多咖啡廳都能看到illy。1990年，意利在巴西設立「最佳咖啡品質獎」，挑選五百多個咖啡園進行輔導和栽種技術轉移；而咖啡豆農為了能以優惠價格賣給意利公司，自然卯足全力種出高品質咖啡豆，這也成為illy咖啡豆的品質保證。

主力產品 Best Choice

深烘焙 ics illy咖啡340/250g：綜合九
種不同品種的豆子同時烘焙，口
味較重，甘、醇度均勻，具有
細密濃郁的口感，稱得上典
型義大利咖啡代表。

店家推薦 Special Choice

中烘焙 icn illy咖啡 340/250g：豆子
種類相同，只不過烘焙程度較淺，入
口時微有酸味，而後快速轉為甘味，
層次分明，保存咖啡原味，適合喜好
變化的咖啡族。

代理商：美福食品股份有限公司
電　話：02-27122555
地　址：台北市民生東路四段123號

值得一試 Others

低咖啡因 illy咖啡 250/360g：先去除豆子中的咖啡
因，再以淺度烘焙，口感輕淡微酸。咖啡因含量低
於0.05%，適合入門者淺嘗。

哪裡買得到：

意　　利：台北市民生東路四段123號
　　　　　02-27122626
拉　　堤：台北市館前路26號
　　　　　02-23880921
G & G：台北市中山北路六段435號
　　　　　02-28768557
瑋　　太：台北市內湖路一段293號
　　　　　02-87974550
挪威森林：台北市羅斯福路三段284巷9號
　　　　　02-23653089
伊　　蓮：中壢市新中北路34巷9號
　　　　　03-4372617
拉　　堤：新竹市東門街56號
　　　　　03-5278533
卡諾瓦：豐原市惠陽街111號
　　　　　04-25150155
Z I N O：台中市精明二街63號
　　　　　04-23108530
1 8 1 2：嘉義市新民路771號
　　　　　05-2358341
轉　　角：台南市大學路22巷12號
　　　　　06-2356781
卡布里：高雄市三民區覺民路107號
　　　　　07-3973611
綠川小舖：高雄市自強二路170號
　　　　　07-2161001
花鳥百合：屏東市中華路93號
　　　　　08-7330989
L E O：花蓮市中山路590號
　　　　　03-8570899

認識十大咖啡進口廠牌 illy

IS COFFEE

新鮮度。

除了進駐大街小巷外，IS COFFEE CLUB也成立了「伊是咖啡俱樂部」，希望藉由俱樂部活動的推廣，讓咖啡愛好者以最優惠的價格，品嚐高品質的咖啡，同時也建立台灣咖啡文化，提供咖啡的相關訊息，讓消費者更了解咖啡。

主力產品 Best Choice

Espresso 義大利濃縮 220/200g：經深度烘焙咖啡豆而成，口感芳郁濃厚，帶有活潑的氣息。

台灣買得到的咖啡豆

隸屬太平洋頂好公司的IS COFFEE，代表「Italian Style Coffee」。伊是咖啡創始人李超群先生，1993年間在義大利享用了一杯CAPPUCCINO，想把這杯順口香醇濃郁的義大利式咖啡分享給國人的念頭，促成了IS COFFEE的成立。1997年10月，IS COFFEE正式在台北市與國人見面，到2001年6月為止，全台已經有 53 家連鎖店，在街頭巷尾為咖啡迷飄香。

IS COFFEE擁有一間規模龐大的咖啡實驗室，專門研究、分析、評鑑、配製咖啡。自國外產地進口咖啡生豆、到進入位於汐止的烘焙廠焙煎，全程以電腦嚴格控管各環節，讓每批咖啡豆品質一致，再以具有單向排氣閥的鋁箔包裝，或以真空充氮氣鋁箔袋包裝，確保咖啡

店家推薦 Special Choice

Blue Mountain Blend / 綜合藍山
295/200g：口感甘甜，柔潤順口、略
帶酸味，為咖啡中之極品。

Hawaii Kona Fancy / 夏威夷康那咖啡
595/200g：夏威夷康那海岸之火山岩
孕育出甘醇香濃之咖啡，圓潤中帶有
野花的風味。

總公司：太平洋頂好公司
地　址：台北市忠孝東路四段71～75號
電　話：02-27811171～111

哪裡買得到：
基 河 店：台北市士林區基河路250號
　　　　　02-28838303
民生旗艦店：台北市民生東路三段115號1樓
　　　　　02-25468661
民 權 一 店：台北市民權西路25號
　　　　　02-25991471
松 江 一 店：台北市松江路61之1號
　　　　　02-25171600
八 德 店：台北市八德路三段32號
　　　　　02-25701492
杭 州 店：台北市杭州南路一段23之1號
　　　　　02-23916964
忠 誠 店：台北市忠誠路二段90號
　　　　　02-28760150
板 橋 一 店：板橋市館前東路21號
　　　　　02-29562225
輔 大 店：新莊市中正路571號
　　　　　02-29069442
基隆麥金店：基隆市安樂路二段128號
　　　　　02-34010219
聯電聯合店：新竹科學園區力行二路3號7樓
　　　　　聯合大樓
　　　　　03-5630925
新竹中正店：新竹市中正路32號
　　　　　03-5248450

值得一試 Others

1. Is Blend 伊是綜合 185/200g：伊是特調的綜合咖啡，豐厚滑順中有香醇餘味。
2. Brazil Santos 巴西咖啡 165/200g：濃度較高，口感極順，適度的微酸及甘苦味中帶有青草香。
3. Colombia Supremo 哥倫比亞咖啡 165/200g：風味香醇濃郁，並具有特殊柔和的酸味。
4. Decaf 低咖啡因咖啡 185/200g：特別調製之低咖啡因咖啡，甘醇順口，適合對咖啡因敏感的人。
5. Ethiopia Sidamo 衣索匹亞(摩卡)咖啡 220/200g：也有人稱為摩卡，豆較小而香濃，擁有獨特的酸味及柑橘的清香味，甘醇中帶有豐潤的餘味。
6. Kenya AA 肯亞咖啡 185/200g：屬於高品質阿拉比卡種，味道香醇濃郁，酸度較高，是德國人的最愛。
7. Sumatra Mandheling 曼特寧咖啡 185/200g：出產地為印尼蘇門答臘，具有濃厚之香苦味及炭燒味。
8. Java Jampit 爪哇咖啡 185/200g：口味香醇優雅，苦中帶甘，酸度適中。
9. Costa Rica 哥斯大黎加咖啡 185/200g：高海拔地帶所生產的上等咖啡豆，香氣濃郁中帶有堅果味，一般評價不錯。

認識十大咖啡進口廠牌 IS COFFEE

L'udinese

來自義大利的 L'udinese 成立於1922年，1997年由越昇國際公司引進，雖然在台灣的年紀還輕，全省販售據點也不多，但藉由老顧客的口耳相傳，L'udinese 頗具明日之星的架勢。

L'udinese 的咖啡豆以Arabica為主流，生豆購自海地、哥倫比亞、薩伊、巴西山多士、瓜地馬拉等國，採用先混合再烘焙的方式，烘焙出來的咖啡豆自然品質一致。取一把L'dinese的咖啡豆捧在手中，你會發現豆子的大小品種雖然不同，但烘焙程度相當均勻，這就是L'udinese強調的烘焙品質。由於以Arabica 為底，口感豐富，適合做多種變化，因此也廣泛被各大飯店採用。

台灣買得到的咖啡豆

店家推薦 Special Choice

金牌咖啡1350/kg：金牌咖啡是L'udinese 的頂級產品，含90%的Arabica。Arabica含量越高，口感愈豐，酸性也較強，不過由於烘焙的火候度拿捏得宜，金牌咖啡入口時的酸味相當順口，同時具有深醇香味，最特別的在於回甘餘味獨特，在口中久久不散。口感敏銳的老咖啡族，店家建議您先煮一杯黑咖啡，細細品味，可以發現咖啡中含有清新的淡野花香味；喜歡加牛奶的人，會發現金牌咖啡與奶融合後，酸味會被中和，但甘醇味仍然深厚。

主力產品 Best Choice

Expresso Bar紅牌咖啡950/kg：Expresso Bar 含有55%的Arabica，另外45%則是Robusta。採中度烘焙的Expresso Bar紅牌咖啡，質醇渾厚、酸性中庸而口感十足，非常適合調製卡布奇諾、拿鐵咖啡，加入牛奶之後，會有一股淡淡的炭燒味釋出。

哪裡買得到：
My coffee：新竹市金山街162號
03-5637070
藍　　鵲：台北縣土城市明德路二段219號1樓 02-22737055
N e x t：台北縣淡水鎮中正路119號後棟
02-26214495

代理商：越昇國際股份有限公司
地　址：台北市仁愛路四段464號1樓
電　話：02-27208619

認識十大咖啡進口廠牌 L'udinese

UCC

UCC

具有六十年悠久歷史的UCC優仕咖啡，是目前日本最大的咖啡研磨公司，除了在夏威夷、牙買加、印尼等地有直營農場外，日本神戶還設有一家推廣咖啡文化的咖啡博物館，可謂日本咖啡文化的開山始祖之一。民國七十四年，UCC來台設立公司，引入日系口味，對台灣咖啡市場轉型產生很大的影響，UCC咖啡特有的輕淡、順口，也幾乎成為日系口味的代名詞。

由於有自家農場，UCC咖啡從栽種、採收、選豆、烘焙到包裝，都是一貫化作業，也成為品質保證。目前台灣的UCC咖啡豆，5%是在日本烘焙後原裝進口，95%則是進口生豆，在國內烘焙包裝，以保存豆子的新鮮度。

台灣買得到的咖啡豆

主力產品 Best Choice

🫘 炭燒咖啡200/200g：以哥倫比亞及巴西咖啡豆為基調，精選大粒咖啡生豆，以UCC獨特的炭燒焙煎法烘焙，香味豐潤，在 UCC 系列中，是口感較為濃厚的咖啡。

店家推薦 Special Choice

🫘 藍山綜合咖啡280/200g：由牙買加直營農場挑選優質藍山咖啡豆，搭配固定比例的哥倫比亞咖啡豆，保留了藍山的香濃，還帶有一點哥倫比亞的酸味，口感高貴。

值得一試 Others

1. 精緻綜合咖啡200/200g：與炭燒珈啡同樣以哥倫比亞及巴西咖啡豆為基調，不過烘焙方式略有差異，香味及口感協調。
2. 巴西咖啡 200/200g：甘醇度強，香味絕佳，略具溫潤苦味，可以留神注意餘韻。
3. 摩卡咖啡200/200g：酸味柔和，香氣優雅。
4. 曼特寧200/200g：淡淡的苦味和酸味，口感豐潤。

哪裡買得到：

台北地區
VIENNA CAFE：台北市太平洋崇光百貨四樓
02-27772064
Cafe Terrace：台北市南京東路二段97號一樓
02-25637907
各惠康超市、松青超市、裕毛屋超市、熊威超市

台中地區
各**SOGO**超市、新光三越百貨超市、丸久超市、裕毛屋超市、興農超市

高雄地區
各**SOGO**超市、大統百貨超市、大立伊勢丹百貨超市、大樂量販店

總公司：優仕咖啡股份有限公司
地　址：台北市舊宗路一段103號
電　話：02-27930509

認識十大咖啡進口廠牌 UCC

DANTE

丹堤

丹堤的名字取自於「神曲」一書的作者——義大利名詩人但丁(DANTE)的英文名字，除了代表義

大利人對於咖啡無可救藥的熱愛，也希望賦予丹堤如詩人般的內涵與深度。

1993年11月12日，丹堤在台北市南京東路上成立第一家店。創立之初，台灣的咖啡文化還屬於貴族產品，得捨得花錢才能品嚐。而丹堤則顛覆傳統，打著35元咖啡的旗幟，讓咖啡成為平價消費，於是咖啡不再高不可攀，儼然成為都市生活文化的一部分。

丹堤咖啡主要採擷上等阿拉比卡咖啡豆，經新加坡專業的烘焙技術，原裝進口來台。目前全省有76家門市，其中有59家集中於大台北地區，桃竹區有6家，中部有6家，南部有5家。未來將持續於台灣地區展店，並預計於91年初前在大陸設點。

台灣買得到的咖啡豆

主力產品 Best Choice

丹堤綜合咖啡豆170/200g or
350/450g：丹堤咖啡精心調製，大眾
化口感，適合家庭使用，
不酸不澀、溫和順口。

店家推薦 Special Choice

丹堤榛果咖啡豆260/200g：加味咖啡
豆，咖啡味再加上淡淡榛果香甜味，
是時下最流行的一款咖啡豆，深得女
性及年輕一代的青睞。

丹堤夏威夷咖啡豆260/200g：口感較
強，香味四溢，帶果酸，風味特殊，
品質相當穩定。

值得一試 Others

1. 丹堤義大利濃縮豆180/200g or 380/450g：具有義
式咖啡的獨特香味、苦味重、深沉濃郁，口感豐
富厚實。
2. 丹堤藍山特調咖啡豆330/200g：口味芳醇豐富濃
郁，帶有微酸柔順的甘味，風味細膩，喝起來非
常香醇精緻。
3. 丹堤黑爵士咖啡豆200/200g：加倍濃縮，略帶焦
味口感，適合酗咖啡族飲用，是丹堤咖啡豆中口
感最濃郁者。
4. 丹堤曼特林豆220/200g：風味香、濃、苦，口味
相當強，但柔順不帶酸，穩重深厚的口感，屬於
男性化的咖啡。
5. 丹堤晨間咖啡豆180/200g：濃度介於美式與綜合
之間，輕柔甘甜，香氣純淨，相當適合晨間飲用。

哪裡買得到：

西 門 店：北市漢中街49號
　　　　　02-23610815
松 山 店：北市八德路四段711號
　　　　　02-27484258
民 權 店：北市民權西路34-1號
　　　　　02-23693423
石 牌 店：北市北投區石牌路一段73號
　　　　　02-28222840
淡 江 店：北縣淡水鎮水碓里大忠街115號
　　　　　02-26203993
重 新 店：三重市重新路二段100號
　　　　　02-89725860
中 壢 店：中壢市新生路57號2F(金石堂)
　　　　　03-4279480
桃 園 店：桃園市大同路24號2F (金石堂)
　　　　　03-3321185
聯電三店：新竹市力行二路3號B1 (聯電二廠丹堤
　　　　　咖啡) 03-5635033
台中公益：台中市公益路161號B1 (金石堂)
　　　　　04-23213758
台中漢口：台中市漢口路二段136號
　　　　　04-23125092
嘉義中山：嘉義市中山路494號2F (金石堂)
　　　　　05-2255788
台南中山：台南市中區中山路147號2F (金石堂)
　　　　　06-2289417
高雄中山：高雄市新興區中山一路285號5F
　　　　　(金石堂) 07-2829600

總公司：丹堤咖啡食品股份有限公司
地　址：台北市信義路三段172號4樓之1
電　話：02-27051813

認識十大咖啡進口廠牌 DANTE

西雅圖

BARISTA

哪裡買得到：

忠 孝 店	：台北市忠孝東路四段335號	02-27813808
南 京 店	：台北市南京東路一段120號	02-25422777
文 林 店	：台北市文林路80號1F	02-28810863
民 生 店	：台北市民生東路四段63號1F	02-25462506
永 康 店	：台北市信義路二段188號	02-33432422
板橋館前店	：台北縣板橋市館前西路131號	02-22729902
三 峽 店	：台北縣三峽鎮復興路399號B1	02-86743006
台 茂 店	：桃園蘆竹鄉南崁路一段112號B2	03-3116884
中 友 店	：台中市三民路三段161號	04-22260158
台中三越店	：台中市台中港路二段111號7F	04-22598465
嘉義衣蝶店	：嘉義市垂陽路726號2F 05-2492159	
大 統 店	：高雄市和平一路218號2F	07-2230100

總公司：台灣西雅圖極品咖啡股份有限公司
地　址：台北市內湖區環山路一段28巷15號1樓
電　話：02-87512008

別以為西雅圖咖啡是舶來品，她可是土生土長、國人自創的品牌。1997年3月，原本是空服員的劉禎祥夫婦，在台北市忠孝東路以七百萬資本額開設第一家西雅圖咖啡館，從四名員工開始打天下，原本只單純的賣杯好咖啡。當時日式咖啡方興未艾，走偏重口味的西雅圖並不被看好，沒想到生意出奇的好，規模越來越大，短短四年，西雅圖已經成為年營業額三億元的咖啡連鎖店。

創業之初，西雅圖從國外進口烘焙好的咖啡豆，但經過空運過程，總覺得豆子的新鮮度不盡理想。因此西雅圖在1998年設立烘焙廠，由專業師傅親手操爐，並以真空包裝或單向排氣閥保存，以確保咖啡豆品質。西雅圖的咖啡豆多數為中重度烘焙，口味偏重。

為了增進與咖啡迷的互動，西雅圖極品咖啡每個月初發行《Coffee Times》，陳列在各家門市內，供顧客免費取讀，為消費者的咖啡常識充電，也讓西雅圖的咖啡更增一些人文味。

台灣買得到的咖啡豆

主力產品 Best Choice

🫘 西雅圖極品綜合咖啡250/0.5lb：混合衣索比亞、哥倫比亞、瓜地馬拉及曼特寧等咖啡豆後，進行深度烘焙，具有溫和香甜的風味，相當順口，全天候都適合享用。

店家推薦 Special Choice

🫘 肯亞麥哈那390/0.5lb：淺烘的肯亞豆，酸味活潑優雅，入口之後細細品嚐，會發現莓果、巧克力、甘蔗及酒的香味在口中變化，如同一場味覺之旅。

🫘 巴布亞新幾內亞290/0.5lb：從藍山移轉到巴布亞新幾內亞栽種的咖啡豆，風味介於亞洲及拉丁美洲間，略帶土味及酸味，口感香甜明亮，有熱帶水果的味道。

值得一試 Others

1. 義大利金品綜合咖啡 250/0.5lb：深度烘焙的綜合咖啡，有煙薰的香甜味。
2. 早餐綜合咖啡 250/0.5lb：淺度烘焙，風味柔和帶酸，具有較高的咖啡因，適合需要提神醒腦的早晨。
3. 老饕綜合咖啡250/0.5lb：烘焙度比西雅圖極品綜合咖啡低，濃稠度適中。
4. 維也納綜合咖啡 250/0.5lb：醇度高，香甜而略帶酸味，中至深度烘焙。

5. 咖啡大師濃縮咖啡250/0.5lb：店家簽名保證的濃縮咖啡，深度烘焙，嗜重口味的人可以試試。
6. 義大利式烘焙咖啡250/0.5lb：深度烘焙，具有香甜甘美的風味，可以用來做拿鐵、卡布奇諾等義式咖啡。
7. 法式重烘焙咖啡250/0.5lb：經過最深烘焙的咖啡豆，帶有明亮油脂及煙辛辣氣味。
8. 老饕低因咖啡 250/0.5lb：中深度烘焙，去除咖啡因，濃稠度適中。
9. 義大利濃縮低因咖啡 250/0.5lb：甘美馥郁，適合喜好重口味又怕睡不著的人。
10. 調味咖啡系列（榛果奶油、愛爾蘭奶油、香草奶油、巧克力、椰子）250/0.5lb：經過調味變化，除了可以喝出咖啡本身的果香，還能感受另一種加味風情。
11. 哥倫比亞特級咖啡250/0.5lb：哥倫比亞的最高級品種，經深度烘焙，風味平穩厚實。
12. 巴西喜拉朵250/0.5lb：深度烘焙，略帶甜香味，餘韻則有酒香。
13. 瓜地馬拉安提瓜250/0.5lb：具有乾淨明亮的特性，風味多樣而活潑。
14. 哥斯大黎加塔拉珠250/0.5lb：清朗而有活力，帶一點辛烈氣息。
15. 蘇門答臘曼特寧250/0.5lb：口感深沈厚實，濃醇度高，有藥草風味。
16. 蘇拉維西卡洛西250/0.5lb：來自印尼的蘇拉維西咖啡豆，風味比曼特寧清澈明亮，土味也比較低。
17. 巴拿馬圓豆250/0.5lb：如同小珍珠般的咖啡豆，一般認為比扁平豆更夠味。
18. 摩卡爪哇290/0.5lb：結合葉門摩卡的芳香和印尼爪哇的濃郁，具有優異的平衡性。
19. 衣索比亞哈拉290/0.5lb：具有阿拉伯摩卡的狂野醇厚，帶有藍莓般的果香。
20. 衣索比亞西達莫290/0.5lb：產於衣索比亞南部，有檸檬皮的香味。
21. 葉門摩卡山納妮390/0.5lb：純種摩卡豆，具有厚實濃郁的質感及特殊的香氣。
22. 夏威夷科那特優級490/0.5lb：中醇度，風味飽滿。
23. 牙買加藍山馬維士NO.1 690/0.5lb：香甜苦酸，各項表現平衡，口感厚實。

認識十大咖啡進口廠牌 西雅圖

哈拉里咖啡專櫃

Halhali

咖啡館如雨後春筍般出現，在大型咖啡連鎖店的搶攻下，小型咖啡廳生態受到衝擊，如何突破重圍，除了豆子要好，創意和貼心更不可少。哈拉里咖啡專櫃則是選擇了外賣服務，讓不想出門的人，在辦公室裡就可以輕鬆享用到一杯好咖啡。

總公司代理進口植物奶油球、咖啡濾紙、生豆等咖啡相關產品，並在1999年另行成立哈拉里咖啡專櫃，自行烘焙生豆。從巴西、印尼等世界各原產地進口咖啡豆後，送進位在嘉義的中央工廠研磨配製，以求品質均一。以最頂級的摩卡咖啡豆名「哈拉里」為店名，店家以這個名稱自許，象徵提供最好的咖啡豆。

主力產品 Best Choice

哈拉里頂級曼特寧咖啡豆 800/lb：氣味香醇，酸度適中，苦味則恰到好處，回甘餘韻豐厚，適合重口味的咖啡饕客。

店家推薦 Special Choice

哈拉里頂級摩卡豆800/lb：甘味溫潤，具有獨特的柑橘香味，酸度適中而順口。

哈拉里巴西豆200/lb：淡淡的酸味，溫順的口感，香味清雅，可以和任何一種咖啡豆搭配成綜合咖啡。

值得一試 Others

1. 碳燒熱咖啡200/lb：將吉利馬札羅咖啡豆以碳火深度烘焙，完全萃取咖啡豆風味，口味較重。
2. 特配冰咖啡200/lb：以哥倫比亞咖啡豆爲底的綜合咖啡，冷藏後不苦不澀，香度和醇度都很高。
3. 特配熱咖啡200/lb：綜合哥倫比亞與巴西咖啡豆，採用偏深度烘焙。
4. 曼特寧（深、中、淺）200/lb：同樣的曼特寧，三種不同的烘焙度，各有風味。深焙口感苦香濃郁，具甘草味，回甘餘味濃厚；中焙微苦，帶有野生風味；淺焙豆的咖啡液清澄，最可品嚐出曼特寧特有的生豆原味，相當值得一試。
5. 夏威夷可娜咖啡800/lb：採用純正夏威夷捲豆，以中烘焙單炒，具有淺柑橘香，略帶苦酸。
6. 藍山咖啡300/lb：綜合藍山、巴西及哥倫比亞咖啡豆，香醇順口。
7. 古巴藍山800/lb：選用古巴NO.1藍山咖啡豆，豆型大，有泥土味，略帶苦澀。
8. 義大利咖啡200/lb：深度烘焙，口感濃烈偏苦，最適合義式咖啡機。

哪裡買得到：

台北光復店	台北市光復北路119號 02-27493307
台中英才店	台中市博館二街58號 04-23298336
台中中港店	台中市台中港路一段358號 04-23287098
彰化民族店	彰化市民族路266號 04-7295799
南投家樂福店	南投市三和三路21號 049-2245287
斗六中山店	斗六市中山路392號 05-5376299
嘉義興業店	嘉義市興業西路233號 05-2837898
台南東寧店	台南市東寧西路27號 06-2097727
台南忠義店	台南市忠義路二段65號 06-2216689
台南中正店	台南市中正路19號 06-2220345
台南中華店	台南市中華路727巷32號 06-2020169
高雄中正店	高雄市中正三路28號 07-2383866

總公司：哈拉里咖啡專櫃
地　址：台北市中山北路一段92號1樓
電　話：02-25621786

認識十大咖啡進口廠牌　哈拉里

KOHIKAN

KOHIKAN珈琲館的創始人是世界四大咖啡品鑑師之一的眞鍋國雄先生，他曾親自前往咖啡之鄉巴西，深入研究咖啡的種植、製造、品鑑等學問。KOHIKAN珈琲館原本是東京神保區的一家小店，不過短短十餘年間，在日本就拓展成五百多家店，而目前台灣地區也有80餘家，堪稱眞鍋國雄的咖啡王國。

KOHIKAN珈琲館內的產品，都是眞鍋國雄到全球各咖啡產地親自選豆採購，再送到佐倉工廠進行烘焙加工。除了選豆嚴格，KOHIKAN咖啡的烘焙過程也是處處巧思。電腦全自動的炒豆機旁，會站著一位經驗豐富的老師傅，讓機械化的製造過程中加入一些人性直覺。烘焙時使用的備長炭，具有火力旺盛、持久、穩定、無油煙味的特色，工廠內並有世界級專業資格的咖啡品鑑師試杯，鑑定每一批產品的火候及穩定度。

KOHIKAN珈琲館裡有許多市面上沒有的特色咖啡，例如採自然陰涼風乾的蔭干珈琲、使用檽木備長炭烘焙的炭火珈琲等，這些口味特殊的產品，最能滿足愛變化的消費者。

台灣買得到的咖啡豆

主力產品 Best Choice

🫘 日本炭火珈琲430/200g：選擇高級的曼特寧、巴西咖啡豆，以備長炭做深度的炭火烘焙，讓旺盛的初火迅速穩定咖啡品質，而綿長的中火則有助於提升咖啡的四味一香。口感甘醇帶苦，具有濃郁的炭燒香味，是KOHIKAN珈琲館最具原創性與代表性的產品。

店家推薦 SpecialChoice

🫘 蔭干珈琲650/200g：與一般咖啡豆的乾燥過程不同，蔭干珈琲是將剛採收下來的巴西咖啡豆，趁著胚芽仍然青綠的時候，放置在陰涼處60～70天，使果肉中的糖份在乾燥過程中完全滲入咖啡豆中，然後再以適度的炭火烘焙。柔和清淡的香味，甘醇中帶著微酸及些許甜味，每一口都喝得出懶洋洋巴西微風的感覺。

🫘 自生珈琲650/200g：取自咖啡發源地衣索匹亞自生自長的咖啡豆，完全野生自然，沒有人工肥料。具有良質順口的酸味，濃郁富活力的口感，細細品嚐，你會感覺看到非洲大地的陽光。

總公司：客喜康企業股份有限公司
地　址：台中市三民路一段103號3樓
電　話：04-23717799

值得一試 Others

1. 極品藍山珈琲1150/200g：採用牙買加政府認證、來自Blue Mountain高度800～1500公尺山區最高級的1號百分之百純品藍山豆，直接呈現正統極品珈琲，酸、甜、苦三味自然調和，具有完美卓越的香味。

2. 牙買加藍山珈琲650/200g：特選牙買加政府認證最高級的1號藍山珈琲豆，混合瓜地馬拉、巴西等地的高級生豆，酸、甜、苦三種味道自然調和，香味雋永。

3. 眠水珈琲600/200g：採用純品巴西咖啡豆，運用炭火蒸悶，在烘焙過程中保留咖啡香味與口感，同時去除60%的咖啡因與50%的單寧酸，可以減輕對腸胃的負擔。擔心過多的咖啡因，又無法抵擋咖啡誘惑，可以試試這杯具有普洱茶香味、口感清爽的「眠水珈琲」。

4. 目覺珈琲650/200g：與眠水珈琲相反，來自印尼的Robusta原種咖啡豆，咖啡因含量為一般咖啡的兩倍，濃郁而不嗆口，入口溫和，還帶有印尼獨特的神秘濃烈氣質，勁道綿長。精神不住的時候，最適合來杯目覺珈琲。

5. 野熱珈琲650/200g：取自非洲草原叢林間的原生的咖啡樹，由於未施用人工肥料，產量稀少，被視為不具效益，當地人都自採自用，鮮少銷售。不過這種天然的咖啡豆都在樹上自然蔭干，具有甘甜、香醇的特殊味道，帶有清新的口味。

哪裡買得到：
台北忠孝店：台北市忠孝東路四段250-4號
　　　　　　02-27721975
台北台大店：台北市羅斯福路三段222號
　　　　　　02-23679263
台北第一店：台北市南京東路二段63號
　　　　　　02-25634388
基隆站前店：基隆市港西街3號2F
　　　　　　02-24220855
新莊新泰店：台北縣新莊市新泰路159號
　　　　　　02-29916861
永和永貞店：台北縣中和市永貞路284號
　　　　　　02-29286005
三重天台店：台北縣三重市重新路二段78號
　　　　　　02-89727201
中壢中北店：中壢市中北路二段62,64號
　　　　　　03-4580933
台中平等店：台中市平等街55號
　　　　　　04-2229988
台中崇德店：台中市崇德路一段125號
　　　　　　04-2329766

認識十大咖啡進口廠牌 KOHIKAN

Zhen Quo Café

真鍋

許多人常分不出眞鍋珈琲和客喜康的差別，這也怪不得消費者，因為兩家本是同根生。眞鍋珈琲在1970年由國際商聯股份有限公司自日本引進，後因國際商聯轉投資其他事業失敗，財務出現困境，因此將眞鍋的商標權抵押給銀行貸款，並於1974年由某債權人取得眞鍋所有權。不過債權人不願買斷眞鍋商標，一批當初引進眞鍋的原班人馬，另行籌組正鍋股份有限公司，並以1100萬元買下眞鍋商標，而原本的債權人則另起爐灶，創設客喜康咖啡，但仍沿用眞鍋的裝潢風格理念，這也就是兩家店爲什麼看起來這麼像的原因了。

眞鍋的「珈琲」兩個字，就是和別人寫的「咖啡」不一樣，這表明了它來自日本，具有日式精緻風格。眞鍋珈琲豆出自日本精巧株式會社SEIKO，爲日本前三大烘焙廠，具有先進精良設備，採用來自長白山堅木製成的日本備常炭，讓咖啡豆有恆溫、穩定、較無煙的烘焙環境。同時應台灣市場需求，精巧株式會社經常研發新品，讓眞鍋珈琲永遠有新花樣。

台灣買得到的咖啡豆

主力產品 Best Choice

🫘 真鍋珈琲650/200g：將純品巴西咖啡豆採收後，立刻放置於穀倉發酵槽60～70天，以自然乾燥的方式，將果肉中的糖份完全滲入果實內，再進行炭火烘焙，因而保留了特殊自然的甘甜味。初入口時只覺柔順微酸，餘味則回甘久久不去。

🫘 炭火珈琲430/200g：混合曼特寧及巴西咖啡豆，採炭火深度、半熱風式烘焙。口感偏苦，香氣濃烈，適合重口味的人。

店家推薦 Special Choice

🫘 石燒珈琲560/200g：混合巴西、坦尚尼亞、哥倫比亞及宏都拉斯咖啡豆，採用日本岐阜石製成的石鍋炭火烘焙，使豆子內外烘焙程序均衡，並能去除豆子的表皮和雜質，完整保留咖啡豆原味。

代理商：正鍋股份有限公司
地　址：桃園市經國路737號2樓
電　話：03-3464878

哪裡買得到：
台北民生店：台北市民生東路五段99號
　　　　　　02-27670903
台北忠孝店：台北市忠孝東路五段697號
　　　　　　02-27690712
士林文林店：台北市士林福德路12號
　　　　　　02-28806285

值得一試 Others

1. 牙買加藍山珈琲650/200g：牙買加咖啡豆佔60%，瓜地馬拉和巴西各佔40%，因此酸、甜、苦味自然調和，香氣十足。
2. Blend珈琲330/200g：混和巴西、瓜地馬拉、吉利馬札羅等咖啡豆，酸苦平衡，大眾化口味。
3. 高咖啡因珈琲650/200g：烘焙程度較淺，咖啡因含量是一般咖啡的兩倍，溫和偏苦，香味濃厚。
4. 低咖啡因珈琲600/200g：純品巴西咖啡豆，深度烘焙，但口感清淡，比一般咖啡少了60%的咖啡因和50%單寧酸。
5. 安地斯山珈琲650/200g：具有香甜圓滑的酸味，層次分明，頗具個性化。
6. 曼哈頓珈琲430/200g：以摩卡為基礎的混合咖啡，略酸而香味溫和，大眾化口味。
7. NO.1藍山珈琲1150/200g：完全選用產於牙買加藍山的咖啡豆，苦甜酸香均衡。
8. 古巴珈琲600/200g：揀選產自古巴水晶山的咖啡豆，甜酸苦平衡，四味一香僅次於藍山。
9. 墨西哥珈琲430/200g：香氣十足，口感醇厚，味道苦後回甘。
10. 坦桑尼亞珈琲330/200g：香、酸味強，醇度和苦度則適中。
11. 摩卡珈琲430/200g：產自依索比亞的咖啡豆，香、酸、醇味強，甘味中度。
12. 曼特寧珈琲330/200g：香味強，醇味及苦味中度，不帶酸味。
13. 巴西珈琲330/200g：選自巴西山多士生豆，具優雅甘醇香氣，略帶酸味。
14. 哥倫比亞珈琲430/200g：採用中南美安地斯山1600m以上的咖啡豆，口感溫和，帶有香甜及圓滑的酸味。

台北木柵店：台北市木柵路三段46號
　　　　　　02-86617225
板橋文化店：板橋市文化路二段282號
　　　　　　02-82529941
永和福和店：永和市福和路327號
　　　　　　02-89231091
中和福祥店：中和市永和路16號
　　　　　　02-22466126
三重正義店：三重市正義北路281號
　　　　　　02-29898752
中壢文化店：桃園縣中壢市元化路二段45號1樓
　　　　　　03-4226941
桃園中山店：桃園市中山路547號
　　　　　　03-3314490

認識十大咖啡進口廠牌 真鍋

4C CAFE

現場煎炒，小量烘焙店

咖啡不一定只是飲料、只是商品，4C CAFE的老板李源紘認為，咖啡還是一種有生命力的藝術品。因此在4C CAFE裡，你不會看到大量烘焙的咖啡豆，只有店家一批批小型用心的成果。

基於這種小而美、小而精緻的經營理念，4C CAFE沒有烘焙工廠，卻把烘焙機搬進了店裡，現場煎炒客戶所需要的咖啡豆。從事咖啡相關工作長達二十三年的李源紘，是個資深吧台師傅，原本擅長虹吸式

煮法，六年前在一次商展中見到比利時皇家咖啡壺後，便傾心研究這種古老器具，並在店中與顧客分享這種兼具實用與娛樂功能的咖啡煮法。

有些人會好奇，4C是什麼意思？李源紘說，Collection、Cheer、Charming、Creative，代表精選豆子、愉快、迷人和個人創作。到這裡買豆子，沒有大廠牌的制式，卻多了一份溫馨和人性。

台灣買得到的咖啡豆

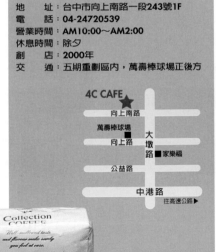

值得一試 Others

1. 牙買加藍山NO.1 1400/0.5lb：純牙買加NO.1極品，採自海拔三千到七千英呎間，五味表現均衡，香醇而後韻十足。

2. 夏威夷可娜珈啡1200/lb：產自夏威夷火山岩區，口感微酸，帶一點溫順的甜味。

3. 肯亞AA珈啡600/lb：口感較濃，具有中度香味及特殊甘味。

4. 曼特林珈啡450/lb：濃郁而具有天然香味，苦中帶勁。

5. 巴西珈啡450/lb：來自咖啡王國巴西的NO.2/SC-19等級豆，香味甘醇、苦中帶酸，口感甘柔。

哪裡買得到：
美術館店：台中市五權七街65號
04-23765296

主力產品 Best Choice

特級黃金曼特林珈啡1200/lb：產於蘇門答臘的頂級曼特林豆，以手工蔭干，口感香醇濃郁，沒有雜味，具有珍珠般的口感。

店家推薦 Special Choice

摩卡珈啡450/lb：產自衣索比亞，酸度和濃度較低，具有甘甜及圓潤的口感，細細品嚐，會發現隱藏其中的天然檸檬香。

地　　址	台中市向上南路一段243號1F
電　　話	04-24720539
營業時間	AM10:00～AM2:00
休息時間	除夕
創　　店	2000年
交　　通	五期重劃區內，萬壽棒球場正後方

咖啡豆專賣店 **4C CAFE**

南美

西門町的老字號烘焙店

1955年時，這裡原本只是一家「樂園麵包店」。當時咖啡是各大飯店的奢侈品，想喝上一杯平價咖啡，眞是難上加難。爲因應顧客需求，「樂園麵包店」除了麵包之外，也兼賣咖啡，沒想到鳩佔鵲巢，配角風采日盛，樂園麵包店於是在1962年正式轉型爲「南美咖啡」，成爲台北的老字號咖啡廳。

南美的烘焙廠在桃園大園工業區，自巴西、哥倫比亞、印尼等地購進的新鮮生豆，會立刻送進烘焙廠混合後烘焙。受到氣候影響，咖啡豆每季的產量和品質會略有出入，爲求口感穩定，南美咖啡在單品豆中會加入15%~30%的配合豆，烘焙後採單向透氣的鋁袋包裝，讓老顧客隨時享有忠於原味的咖啡。

台灣買得到的咖啡豆

主力產品 Best Choice

- 特級南美350/lb：以哥倫比亞、巴西、摩卡三種咖啡豆為底，混合出接近藍山的香氣，醇度高，香、甘、濃度適中，帶有一點點酸味。
- 曼特寧400/lb：香味、醇度、濃度都很強烈，完全不酸，適合重口味的人。

店家推薦 Special Choice

- 炭燒曼特寧450/lb：採深度烘焙，因而沒有甘味和酸味，醇度高、香味濃，苦味重。
- 藍山NO: 1 950/lb：藍山咖啡豆中加入調味豆，香味、醇度和甘度都很高，沒有酸味。

值得一試 Others

1. 皇家特級藍山2000/lb：由百分之百純牙買加咖啡豆製成，香、醇、甘度高，沒有酸味，為藍山頂級品。
2. 牙買加藍山綜合600/lb：烘焙度較藍山NO: 1略輕，因此醇度和濃度也略低，微帶酸味，口感均衡。
3. 義大利咖啡450/lb：具有濃郁的香味和醇度，苦味輕，強而帶甘酸。
4. 巴西聖多士400/lb：醇度高，甘度、濃度中等，香輕，味輕淡，沒有酸味。
5. 哥倫比亞400/lb：香、醇、甘、酸、濃五味均衡，十分順口。
6. 特級摩卡400/lb：具有甘甜香味，醇度高，微酸。
7. 歐式綜合咖啡350/lb：濃度高而沒有酸味，香、甘、醇都屬中等。
8. 炭火燒咖啡350/lb：咖啡豆經重烘焙而產生強烈香氣，醇度濃度都高，沒有酸味，適合做冰咖啡。
9. 爪哇咖啡350/lb：只有苦味的咖啡，具有特殊香氣，通常被做為調味豆。
10. 非洲咖啡350/lb：中甘、無酸而有苦味，適合做冰咖啡。

地　　址：台北市成都路44號
電　　話：02-23313689
營業時間：8:00~22:00
休息時間：除農曆年外，全年無休
創　　店：1962年
交　　通：近西門町圓環，國賓戲院旁

咖啡豆專賣店 南美

蜂大

逾半世紀的醇香咖啡豆

FONG—DA

No2、No3咖啡豆,這也是蜂大咖啡豆總能維持新鮮風味的重要原因。

購入生咖啡豆後,蜂大將豆子送進自己的烘焙廠,依特性做不同程度的烘焙。蜂大店內也有小型的炒豆機,讓客戶當場烘焙生咖啡豆。另外店內還有爆米花機,可不是用來讓你爆米花配咖啡的,而是讓客戶當做烘豆機,有意想不到的效果哦!

嗜咖啡的饕客們,很少人不知道蜂大咖啡。這家從1956年就成立的店,陪台灣走過近半世紀的咖啡歲月,在義式、美式咖啡連鎖店林立的今日,蜂大仍常高朋滿座,不只留住老客戶的胃,也吸引不少年輕族群,加入蜂大咖啡族的行列。

蜂大的咖啡豆大多購自巴西,隸屬政府組織的巴西咖啡局,將咖啡豆分為No1.～No3.三種等級,並交由幾個經銷商對外銷售。其中No1.由於產量少,巴西政府保留給外賓享用不外銷,有了政府的管制,加上蜂大與巴西經銷商幾十年的交易經驗,因此進口的一定是頂級的

台灣買得到的咖啡豆

主力產品 Best Choice

蜂大咖啡320/lb：出產的十多種咖啡豆中，最受主顧客青睞的是蜂大咖啡，它是以山多士咖啡豆為底，加上曼特寧、摩卡、瓜地馬拉及哥倫比亞等不同比例成份的豆子混合而成。入口味道豐盈，帶有一股淡淡清香，回甘後略帶酸味，適合大眾口味。

店家推薦 Special Choice

KONA夏威夷1200/lb：一般的單品咖啡口感變化較少，但KONA夏威夷兼具甘醇香濃苦等多種口感，入口滑順 ，後勁強，風味獨特，適合推薦給咖啡新鮮人。

地　　址：台北市成都路42號
電　　話：02-23719577
營業時間：8:00~22:30
休息時間：除農曆年外，全年無休
創　　店：1956年
交　　通：西門町內，靠近國賓戲院

值得一試 Others

1. 頂級No1藍山2000/lb：純度和醇度都最高，口感好得沒話說。
2. 藍山750/lb：味道清香，甘柔而滑口。
3. 古巴皇家500/lb：甘醇，口感滑順，有特殊氣味。
4. 哥倫比亞310/lb：香醇，酸中帶甜，苦味中平，風味奇佳。
5. 摩卡310/lb：具有獨特的甘、酸和苦，潤滑可口，醇味歷久不退。
6. 巴西山多士310/lb：中性豆，味道略甘，有微苦及淡香。
7. 曼特寧290/lb：特香、甘酸、帶少許苦味，風味獨特。
8. 爪哇310/lb：苦味強烈，酸味很低，適合調配綜合咖啡，以增加甘味。
9. 克里曼加羅600/lb：甜中帶十足酸味，香氣強烈。
10. 瓜地馬拉320/lb：香醇帶酸性，馨香優雅。
11. 炭燒咖啡320/lb：具有強烈的濃香，苦味強，無酸味。
12. 義大利咖啡320/lb：醇度特強，味苦略甘，香而濃烈，無酸味。
13. 香濃咖啡320/lb：具強烈香氣和甘味，帶少許苦味，是濃咖啡愛好者的最愛。
14. 蜂大冰咖啡290/lb：香醇甘濃，風味獨特。
15. 黃金曼特寧600/lb：與一般曼特寧相比，醇度和甘度都較高。

咖啡豆專賣店 蜂大

上網買咖啡

Coffee Land 咖啡資訊網
http://www.coffeeland.com.tw/

線上銷售的咖啡豆分為特級咖啡和精品咖啡兩個系列，包括哥倫比亞特級咖啡、巴西特級咖啡、藍山咖啡、綜合咖啡、義大利咖啡、牙買加醇品藍山、曼巴咖啡等十多種產品。在咖啡器具的部分，則只賣濾器、研磨機、手搖式木質磨豆機。

網站中與咖啡相關的資訊倒是很多，「咖啡二三事」中介紹了咖啡的歷史、品種特性、產地及選購技巧等；「咖啡養生談」裡釐清咖啡的健康概念，告訴你喝咖啡的好處；想知道市面上有哪些與咖啡有關的書籍，也可以到「咖啡書店窩」逛逛。

喜歡喝茶的人，在這個網站上還有另一個選擇。Coffee Land同時販售原味茶、水果茶、風味茶等三個系列的茶品，包括：蘋果紅茶、水蜜杏桃茶等，種類多得讓人眼花瞭亂。

手工卡布奇諾完全世界
http://netcity2.web.hinet.net/UserData/twenrico/

光看網站名稱，就可以猜想和義式咖啡脫不了關係。手工卡布奇諾完全世界販賣義大利原裝進口、強調烘焙過程以傳統手工包辦的帝門咖啡，另外摩卡壺、打奶泡壺、比利時皇家壺也是銷售重點。

只賣不教，似乎說不過去，站主很盡責的教導網友各式壺類的使用方法，一步一步讓初學者進入咖啡殿堂。如果已經是咖啡老手，不妨看看「Mr.iMoka食譜」，學做花式咖啡、各式奶昔，甚至搬一盤自製的提拉米蘇上桌，都是樂事一樁！

卡堤咖啡
http://www.e-qcc.com.tw

Quality、JABLUM、AMBER、Bristot……光是咖啡豆的種類就有十三種，而不只是咖啡豆，冰沙粉、糖包、奶精、可可粉、巧克力

醬......，和咖啡有關的食品多得讓你眼花撩亂。還不只這樣呢，花草茶、龍眼蜂蜜、鮮桔汁、果露、各式鮮果泥也在銷售範圍中，有購物狂的網友，上這個網站時可得克制一點。

有了原料，設備自然不可少，磨豆機、冰沙機、鬆餅機、咖啡機，該有的器材一應俱全，還有咖啡杯、真空杯、外帶杯、花茶壺、各式吧台用品等等，想開一家 coffee shop 的人，很適合到這個網站來看看。

嵐山咖啡生活網
http://www.coffeelife.com.tw/

嵐山咖啡公司自行進口生豆，再送進位於桃園大園烘焙廠烘焙，除了四家直營門市，網站上也可買到嵐山咖啡豆。嵐山綜合熱咖啡及嵐山綜合冰咖啡是站主推薦產品，其他產品還包括藍山、可娜、荷蘭一號.....等。

另外網站中也介紹了介紹咖啡的由來、演進、生長環境等。「寫真欣賞」頻道中，不定期更換的圖片增長你的咖啡見聞。

上網買咖啡

家用型咖啡壺

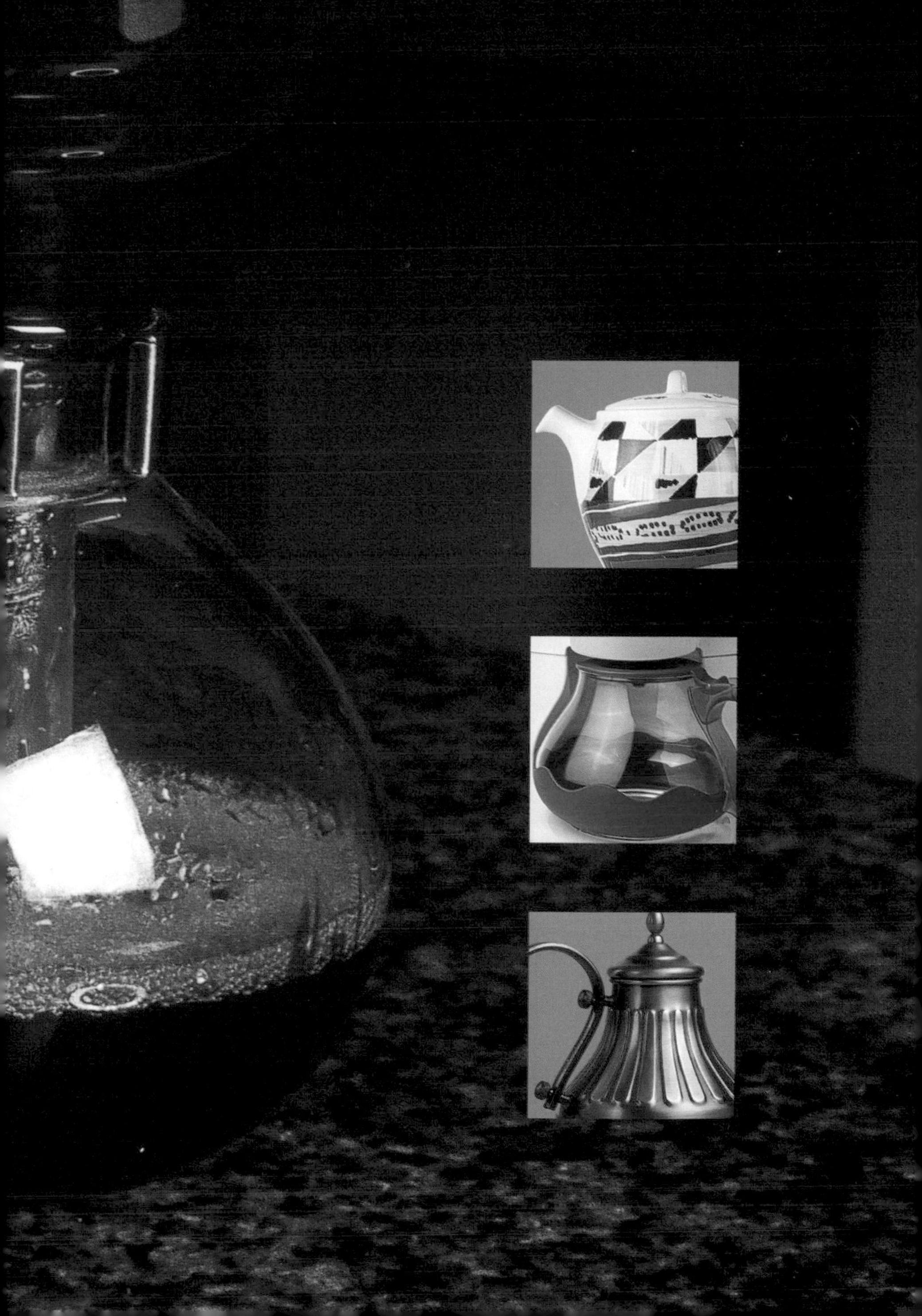

法式濾壓壺

原　　理：用浸泡的方式，透過水與咖啡粉全面接觸的燜煮法，釋出咖啡精華。

價　　位：數百元到一千多元不等。

適用咖啡：濃淡口味均可。

研 磨 度：最粗的顆粒狀。

適合完全的懶人，但得有時間概念，不會忘了還在泡的咖啡。

Bonjour
沖茶咖啡器
五人份
約980元

家用型咖啡壺的介紹

Bonjour
法式濾壓壺
約650元

Hario ELLE
奶油發泡器
約890元

Bonjour Caffe Froth
奶泡器
約380元

Bonjour
晶彩濾壓壺
約550元

Hario
沖茶咖啡器
三人份
約500元

Hario TH-2
濾壓壺
約500元

玲麗
法式濾壓壺
兩人份 約390元

法式濾壓壺

使用方法

家用型咖啡壺的介紹

拔出濾壓壺的濾器組，壺內放入適量咖啡粉，每杯約10~12公克。

1 將濾壓壺、咖啡杯溫杯。

濾壓壺45度斜放，將約95度熱水慢慢沖入，靜置3~5分鐘。 3

小訣竅：

使用的咖啡粉如果是偏重的口味，或者想喝濃一點，沖泡時間可以等上5分鐘，如果用的是淡咖啡粉，沖泡3分鐘就可下壓濾網，否則會出現過度萃取的口感。

4 以竹棒攪拌咖啡粉，讓夾雜其中的油脂浮到最上層，套上濾器組輕輕下壓到底，再將咖啡倒入咖啡杯即可。

5

法式濾壓壺

採買注意事項

法式濾壓壺可以直接呈現豆子的好壞及烘焙程度，可以說是最簡便、最不需要技巧的沖泡方式。使用過後注意濾網的清洗，以延長濾壓壺的壽命。

美式咖啡機

家裡來了一堆朋友，短時間就可以讓大夥共享一杯咖啡。

Brem Coffee

原　　理：以電力帶動熱水，讓燜蒸方式釋出咖啡精華。

價　　位：通常為數百元到一兩千元，也有三千元以上的高級品。

適用咖啡：中度或偏重度烘焙的咖啡粉。

研 磨 度：比特粒細砂糖細一些，比粉狀粗一些。

Philips Cafe Delice
雙味咖啡爐
1.2公升
可煮10～15杯
約2690元

家用型咖啡壺的介紹

Philips Comfort Plus
1.3公升
可煮10～15杯
約1490元

Philips Cucina
1.2公升
可煮10～15杯
約1790元

EUPA咖啡爐
可煮8～10杯

Philips Cucina Duo
400ml
可煮1～2杯
約800元

Philips Cafe Delice
雙味咖啡爐
1.2公升
可煮10～15杯
約2690元

百靈牌美式咖啡機
可煮10 杯
約1068元

ORO Caffe
可煮4～5杯

美式咖啡機

使用方法

家用型咖啡壺的介紹

將濾紙底部和側邊的接合邊折疊一下，放進濾器中，再用手將濾紙撐開成漏斗狀，緊貼著濾器。

2

將冷水加入咖啡機水箱，注意水箱上的刻度，要煮幾杯就放入幾杯的水。

1

將適量咖啡粉放入濾器中，每杯約12g左右。

3

小訣竅：

美式咖啡壺有保溫的效果，但要避免保溫時間過長，
以免咖啡變酸變苦。

4 將濾杯蓋回，按下開關，等個幾分鐘，
一大壺香氣四溢的咖啡就煮好了。

5

美式咖啡機

採買注意事項 — — — — — — — — — — — — — — — —

市面上美式咖啡機當道，各種品牌都有，不過功能大同小異。採買時可先考
量需要的大小，若是家裡有一大家子人都愛喝，可以買十人份，否則買四到
六人份即可。

虹吸式咖啡壺

適合有閒情逸致、不怕
洗壺麻煩、手腳細膩、
不常打破東西的人。

Syphon

原　　理：利用虹吸原理，將沸騰的熱水
上沖至咖啡粉，燜煮出咖啡原
味。

價　　位：1000～2000元。

適用咖啡：略帶酸味、中醇度的咖啡。

研 磨 度：比粉狀略粗，接近特粒細砂糖。

Hario NCA-3
可煮3杯，約1350元
另有5人份規格，約1500元

Hario TCA-3
可煮3杯
約1000元
另有5人份規格
約1200元

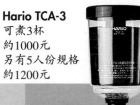

Hario 50A-3
可煮3杯
約950元

Hario HCA-2
可煮2杯
約1400元

Hario HCA1
可煮1-2杯
約1400元

MCA3
可煮3杯
約950元
另有5人份規格
約1200元

Hario TCA2
可煮2杯
約1000元

虹吸式咖啡壺

使用方法

1

將水裝進虹吸壺，點燃瓦斯爐或酒精燈燒煮，每杯的水量約為120cc，可視個人喜好或需要調整。

2

將濾布放進虹吸壺上座的正中央，濾布下的小鍊條要拉出下方的玻璃管。

3

將咖啡粉放在濾布上方，每杯的份量約為15～20克，愛喝重口味的人當然可以酌量增加。

4

水燒開了之後，將上壺放入下座，不要塞得太緊，以免熱氣受窒而噴出熱水燙傷手。

5

熱水沿著玻璃管上升到上壺後，以攪拌棒輕輕攪動，讓咖啡粉和水完全結合。但注意攪拌棒不要接觸到濾布，否則咖啡味道容易變得太苦。

家用型咖啡壺的介紹

小訣竅：

1. 攪拌棒只在水剛上升及熄火時使用兩次，燜煮過程中不要一直攪拌，以免破壞「燜」的過程。

2. 每次使用過後，濾布一定要洗乾淨，如果濾布上還殘留咖啡粉，會影響往後煮咖啡時下流的速度，造成萃取過度。如果覺得濾布已經沒救了，就換一個吧！

3. 全部由玻璃製成的虹吸壺相當脆弱，尤其是上壺的玻璃管容易受傷碎裂，清洗及收藏時要特別注意。

7 經過50~60秒，待下壺的水完全上升後熄火，再一次輕輕攪拌上壺咖啡，讓咖啡下降到下壺。

6 熱水上升之後，調小火力，避免上壺呈現大火快煮的現象，讓咖啡接近燜煮狀態。

如果上壺咖啡無法快速下降，表示咖啡粉可能磨得太細。此時可以用濕布擦拭下壺，讓下層空氣冷卻，上層咖啡就會自動流下。 **8**

虹吸式咖啡壺

採買注意事項

屬於日系的虹吸壺，在台灣大部分的超市、專賣店和百貨公司都買得到，並以日本進口的**HARIO**為大宗。每個虹吸壺的功能都沒有差異，只在於造型及容量上有所不同。由於每個虹吸壺的高度略有不同，因此在採買時最好連酒精燈或瓦斯爐一起購買，才能找到最速配的高度。另外，由於濾布用久了會有阻塞的情形，需要更換，因此不妨多買幾張濾布備用。

義大利咖啡機

只愛義式咖啡，其餘免談。

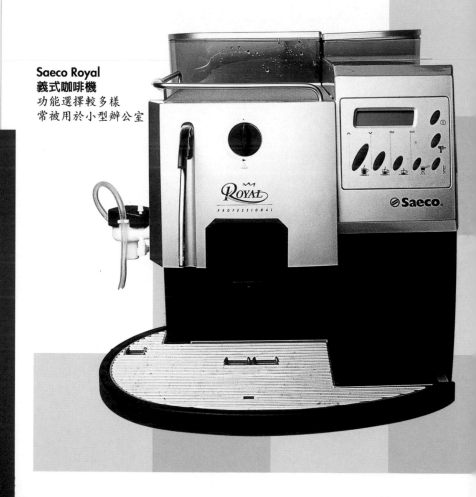

**Saeco Royal
義式咖啡機**
功能選擇較多樣
常被用於小型辦公室

ROYAL
PROFESSIONAL

Saeco

家用型咖啡壺的介紹

Philips Espresso bar
1200walt，15bar
適用小型家庭

復古型義式咖啡機
附溫度錶可精確掌控溫度

Sampo HM802
三段式開關
可沖泡咖啡及打奶泡

義大利咖啡機

使用方法

將咖啡粉放入濾蓋中，刮去多餘的咖啡粉，輕敲濾蓋讓咖啡粉均勻分布，並將四周的咖啡粉清除乾淨。

將咖啡粉壓平，再次清除濾蓋周邊的咖啡粉，並將濾蓋鎖緊。

1

2

3

家用型咖啡壺的介紹

4 將水依機器指示放入，再按下開關即可。

小訣竅：

1. 將咖啡粉裝進濾杯後，如果咖啡粉比較細，加壓時力量不要太重，否則水不容易通過，會造成萃取過度。反之，如果咖啡粉比較粗，就要壓得密些，否則水流太快，咖啡就會有生澀的淡味。
2. 煮咖啡前多一步暖機動作，會讓咖啡更香醇。
3. 咖啡置於咖啡機上保溫的時間，最好不要超過20分鐘，以免失去原味。

5 想做一杯香濃的卡布其諾，再使用打奶泡機，將奶泡加在咖啡上方即可。

6

義大利咖啡機

採買注意事項

義大利咖啡機是以壓力產生蒸氣而煮成咖啡，因此在選購時一定得知道機器的壓力和水溫。機器壓力最好在**12BAR**左右，西雅圖式機器的萃取咖啡溫度為攝氏95度，義式機器則在88～92度間。機器好壞直接影響煮出來的成品，因此購買前不妨請商家示範操作，試煮一杯，就會知道這是不是你要的咖啡機。

摩卡壺

適合喜歡咖啡的濃濃香味，
還有那份浪漫情調的人。

原　　理：以高溫蒸氣萃取咖啡。

價　　位：1000～5000元，或更貴。

適用咖啡：重烘焙的義式咖啡。

研 磨 度：介於特粒細砂糖和粉狀間。

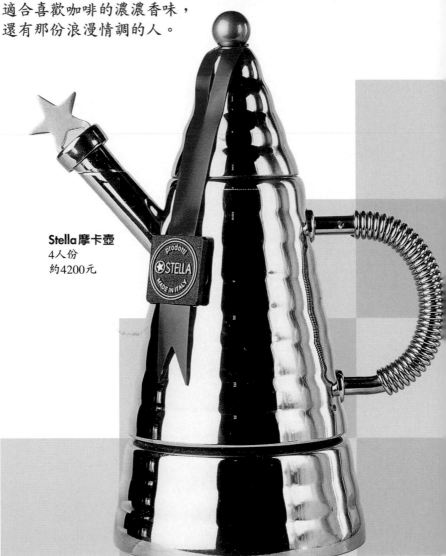

Stella 摩卡壺
4人份
約4200元

家用型咖啡壺的介紹

最常見的摩卡壺
許多廠牌都有類似款式
有1到10人份規格
價格自1200元到
4200元不等

Tracanzan Acfa
6人份約2000元
有多種顏色

VEV-Vigano
不鏽鋼摩卡壺
有2人到10人份規格
價格自1100元到
4000元不等

Bialetti
八角鋁合金摩卡壺
有1人到6人份規格
價格自500元到
1000元不等

Stella 銀河壺
2人份2590元
4人份2880元
電子單爐約1300元
白鐵架約500元

Tracanzan Acfa
6人份約2000元
有多種顏色

Prandelli
4人份3300元

Capina彩繪磁製摩卡壺
有2到6人份規格
價格自2500元自4000元不等

摩卡壺

使用方法

將水倒入下壺，每杯約50cc，水的高度不可超過出水孔，以免蒸氣噴出而被燙傷。

以咖啡盛杯為形，剪出大小相同的濾紙，若使用濾布，第一次使用前以水清洗一次，以避免濾布味進入咖啡。

家用型咖啡壺的介紹

1

2

3

4

5

將咖啡粉放進咖啡盛杯，用手指或湯匙抹平，讓咖啡粉平整。

小訣竅：

1. 熱源的加熱速度要夠快，蒸氣才能上沖煮出咖啡，因此最好用瓦斯爐或電磁爐。
2. 怕麻煩的話也可以不用濾紙，不過咖啡中可能會殘留一些粉末。

清除盛杯四周的咖啡粉，再蓋上濾紙。

6

7

將咖啡盛杯放入下壺，將上下壺完全栓緊，放在熱源上開始加熱。

當聽到尖銳快速的嘶嘶聲，表示蒸氣正沖煮著咖啡帶到上壺，當嘶嘶聲轉變為水滾的聲音，同時蒸氣孔不再冒出蒸氣，表示咖啡已經煮好，此時將熱源關閉，就可以倒出咖啡享用了。

8

9

摩卡壺

採買注意事項

只要使用方式正確，用摩卡壺煮咖啡幾乎沒有失敗的機率，因此在採買上也沒有特別的竅門。一般人都以外型做為採購時的第一考量，畢竟摩卡壺稱得上是個性化商品，選一個最順眼、用起來也順手的，就是最高指導原則了。

濾泡（滴漏）式咖啡

原　　理：以燜蒸方式釋出咖啡精華。

價　　位：濾器有陶瓷及樹脂兩種質材，依大小不同，價格在130～400元間。

適用咖啡：深度烘焙的咖啡。

研 磨 度：次細研磨，比特粒細砂糖細，介於摩卡和虹吸式之間。

適合手感穩定、具有鍥而不捨的實驗精神；口感敏銳，能分辨咖啡細微差別的人。

Hario 銅製濾杯
1-2人份，約1400元
2-4人份，約1600元

水壺的標準款
有2至4人份規格
價格在500元左右

家用型咖啡壺的介紹

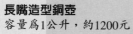

長嘴造型銅壺
容量為1公升，約1200元

銅製尖嘴壺
約2400～3600元

Kalita 不鏽鋼長嘴壺
1.2公升，約1580元

ST-tea Kettlt 尖嘴壺
容量1公升，約1150元

復古造型尖嘴壺
容量1公升，約1500元

濾泡（滴漏）式咖啡

使用方法

家用型咖啡壺的介紹

1

2

取一張濾紙,將底部的接合邊折疊一下,再放進濾器中,用手將濾紙撐開成漏斗狀,緊貼著濾器。若濾紙無法和濾器緊合,可在濾紙周邊滴一點水。

3

4

放入適量咖啡粉,每杯可以12~15公克計算。以手輕拍濾器,讓咖啡粉平整而密實,再放在濾壺上。若只煮一杯,可以直接放在咖啡杯上。

小訣竅：

1. 盛接咖啡的濾壺或咖啡杯要有較好的保溫效果，萃取前可先溫杯，或放在保溫盤上，才能留住原味。
2. 要讓注入水流均勻不間接，不是搖動手腕，是讓手臂靠著身体，以身体的搖動控制水量及方向。

6

將95度的熱水，以極細的水流由圓心向外畫圓澆淋，水流要粗細一致、間距一致不可間斷。注意水流不要淋到濾紙，畫圓畫到最外圈時，距濾紙還有0.3～0.4cm時，就回頭向内畫圓。濾器中所有的咖啡粉都要吃到水，否則會萃取不均。

7

所有咖啡粉淋溼後停止注水，咖啡粉會開始吸水膨脹，進入燜蒸過程。待濾器中咖啡液都進入濾壺後，開始第二次沖泡。

同樣以濾器中央為圓心向外畫圓注水，水流比第一次稍粗，也是間距一致不可間斷。至於水量則視沖泡的杯數，只煮一杯咖啡就沖入一杯的水量，讓第二次沖泡完成全部萃取。

待咖啡液全部流入濾壺，一杯濾泡式咖啡就大功告成。

濾泡（滴漏）式咖啡

採買注意事項

1. 濾器有三孔和一孔的分別，三孔滴漏速度較快，萃取時間短，咖啡味較清淡，一孔則反之，消費者可依口味選擇。
2. 有一種專為濾泡式咖啡設計的細口水壺，壺口很小，便於控制水流，適合初學者。

單品咖啡的世界

巴西

巴西是世界上最重要的咖啡產地，總產量佔全世界的三分之一，廣大的國土內約有十州大量生產咖啡豆。由於地域及氣候的差異，品質難免有良莠，因此巴西咖啡局就依等級分為No.1～No.3、Screen18、Screen19，以求品質的整齊安定，加工烘焙時也能有較好的效果。

巴西咖啡的香、酸、醇都在中度，苦味較低，以平順的口感著稱。而在各類巴西咖啡品種中，以Santos Coffee較著名。Santos Coffee 主要產於Sao Paulo州，品種為Arabica Bourbon，所以又被稱為Bourbon Santos。Bourbon Santos的品質優良。口感圓潤、帶點中度酸，還有很強的甘味，Bourbon Santos被認為是做混合咖啡不可缺的要角。

單品咖啡的世界—巴西

▲ 生豆　　　　　　　　　　　▲ 熟豆

藍山

　　被認為是咖啡頂級品的藍山咖啡，產於牙買加西部的藍山山脈，因而得名。藍山海拔2256公尺，咖啡樹栽種於1000左右的險峻山坡地帶，由於山地勞動力不足，產量也少，年產量只有700噸左右，價格自然也不低。

　　藍山咖啡豆形狀飽滿，比一般豆子略大。酸、香、醇、甘味均勻而強烈，略帶苦味，口感調和，風味極佳，適合做單品咖啡。不過由於產量少，市面上大多賣的是「特調藍山」，也就是以藍山為底，再加其他咖啡豆混合的綜合咖啡，想喝純粹的單品藍山，在購買咖啡豆時可得多留意。

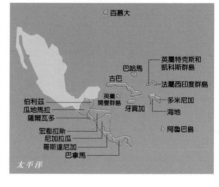

百慕大
英屬特克斯和凱科斯群島
巴哈馬
古巴
法屬西印度群島
多米尼加
英屬、開曼群島
牙買加
海地
伯利茲
瓜地馬拉
薩爾瓦多
宏都拉斯
尼加拉瓜
哥斯達尼加
巴豪馬
阿魯巴島
太平洋

單品咖啡的世界──藍山

▲ 生豆　　　　　　▲ 熟豆

哥倫比亞

哥倫比亞是世界第二大咖啡生產國，生產量佔世界總產量12％，僅次於巴西，而在生產「哥倫比亞‧Mild」的國家中，具有龍頭地位。哥倫比亞咖啡樹均栽種於高地，耕作面積不大，以便於照顧採收。採收後的咖啡豆，以水洗式精製處理，從栽種、採收、精製，品質整齊，堪稱是咖啡豆中的標準豆。

哥倫比亞咖啡豆型偏大，帶淡綠色，具有特殊的厚重味，以豐富獨特的香氣廣受青睞。口感則為酸中帶甘、低度苦味，隨著烘焙程度的不同，能引出多層次風味，中度烘焙可以把豆子的甜味發揮得淋漓盡致，並帶有香醇的酸度和苦味；深度烘焙則苦味增強，但甜味仍不會消失太多，一般而言，中度偏深的烘焙會讓口感比較有個性，不但可以單品飲用，做為混合咖啡也很適合。

單品咖啡的世界——哥倫比亞

▲ 生豆　　　　　　　　▲ 熟豆

曼特寧

印尼由一萬多個小島組成，不過咖啡產地僅限於爪哇、蘇門答臘和蘇拉威，Robusta種產量佔90%，而曼特寧則是少數的Arabica。曼特寧的顆粒較大、豆質頗硬，栽種過程出現缺點豆的機率略高，採收後通常要以人工挑選，如果控管過程不夠精密，容易形成品質良莠不齊，加上烘焙程度不同會直接影響口感，因此成為爭議較多的單品。

其實在藍山尚未出現之前，曼特寧曾被視為是咖啡的極品，因為它豐富醇厚的口感，不澀不酸，醇度、苦味和香度高，相當具有個性。曼特

寧適合中深度以上的烘焙，強烈的苦味可以表現無遺；中度烘焙則會留有一點適度的酸味，別有風味；如果烘焙過淺，會有粉味和澀味。

單品咖啡的世界──曼特寧

▲ 生豆　　　　　　　▲ 熟豆

瓜地馬拉

位於中美洲的瓜地馬拉，是一個國土大半是高原的農業國家；高原適合種植咖啡，瓜地馬拉自海拔600～1500公尺的山坡地，大多可以看到咖啡樹的蹤跡，同時以海拔高度區分等級，最有名的產地是聖瑪爾庫斯，其次是凱薩迪南哥、庫班、安第瓜爾等。

瓜地馬拉咖啡豆的醇度很高，香氣足，具有強烈順口的酸味，即使不愛酸的人，大部分也能接受。一般而言採淺度或中度烘焙，淺烘焙的酸味柔和，入口帶有甜味，香氣強；中度烘焙會稍有苦味，不過也能帶出更雅緻的甜味；深烘焙則會將酸味和香氣破壞殆盡，甜味也會消失，就完全失去價值了。當單品喝可以充份體會它的醇度，但用少量其他豆混合，也可以讓咖啡更具層次感。

墨西哥　伯利茲
加勒比海
瓜地馬拉
宏都拉斯
薩爾瓦多
太平洋

▲ 生豆　　　　　　　▲ 熟豆

單品咖啡的世界——瓜地馬拉

夏威夷可娜

　　由於受限於地形因素，夏威夷的咖啡豆是在火山地形上栽培，同時用高度密集人工照顧，所以每粒豆子可說是嬌生慣養，自然也身價不凡，價格通常僅次於藍山。

　　夏威夷可娜的豆型平均整齊，具有強烈的酸味和甜味，口感溫順滑潤，中度烘焙的豆子有獨到的酸味，偏深烘焙則苦味和醇味都加重，另有一番風味。

太平洋
庫伊島　歐胡島
茂宜島
夏威夷
太平洋

單品咖啡的世界─可娜

▲ 生豆　　　　　▲ 熟豆

自己做花式咖啡

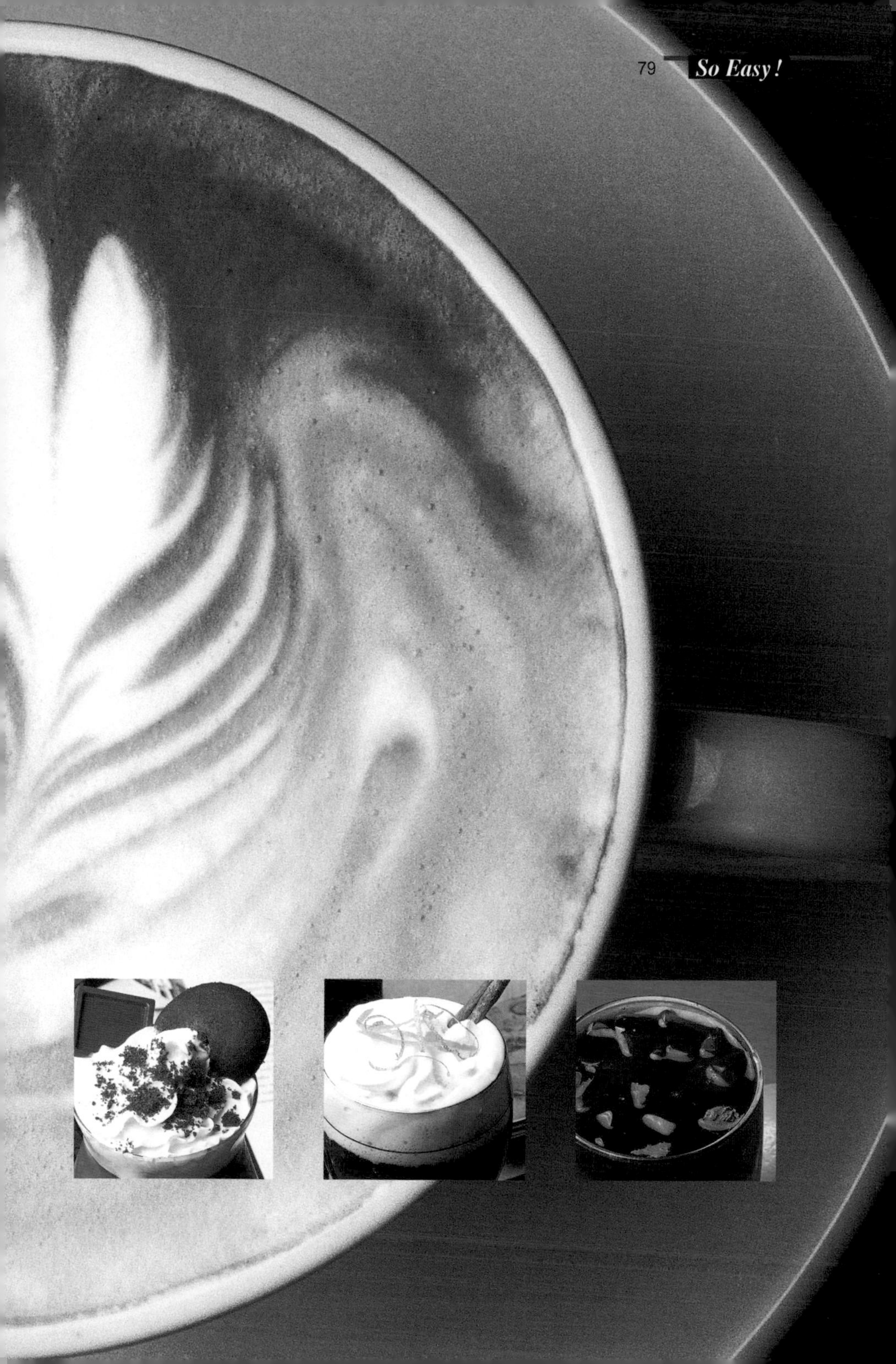

卡布其諾

這杯咖啡店裡處處可見的義式咖啡，其實沒有什麼高深的技巧，除了奶泡上的拉花。如果你很有實驗精神，試試做出各種不同的花樣，會讓卡布奇諾更有生命力。

自己做花式咖啡

 口感 濃濃奶味與咖啡的最佳組合。

 適合 喜歡把咖啡和牛奶一網打盡的人。

 材料 義式咖啡、鮮奶。

卡布奇諾

1. 以摩卡壺或義式咖啡機做出一杯義式咖啡。
2. 將鮮奶以微波爐加熱，倒入打奶泡機內打成奶泡。
3. 將奶泡機內最上層的粗奶泡刮掉，以湯匙將奶泡擋住，倒入鮮奶到杯口的三分之二高度，再以湯匙舀上奶泡到咖啡上。
4. 講究一點的，還可以在奶泡上拉花。

皇家咖啡

藍色火焰在小湯匙上隱隱燃燒，為咖啡增添高貴氣氛。看到小湯匙的造型了嗎？對了，要選這種才能放在咖啡杯上。

自己做花式咖啡

口感 純淨的咖啡味，甘甜中帶有酒香。

適合 喜歡單純口感的人。

材料 中深烘焙度的綜合咖啡、方糖、白蘭地。

皇家咖啡

1. 以虹吸或摩卡壺煮出咖啡。
2. 將方糖放在小湯匙上，倒入白蘭地，以打火機點燃。
3. 待方糖燃燒完畢後，將湯匙中的糖粉直接放入咖啡中
　 攪拌，就可以品嚐一杯帶有甜酒香的咖啡。

愛爾蘭香味咖啡

味道多元的愛爾蘭香味咖啡，如同蒙了面紗的神祕女郎。製作時注意橙皮和檸檬皮不要放太多，以免喧賓奪主，嚐不到面紗下的真正質感。

自己做花式咖啡

適合 此刻心情很複雜嗎？愛爾蘭香味咖啡會懂你。

材料 中深烘焙度的綜合咖啡、柳橙皮、檸檬皮、肉桂條、砂糖、愛爾蘭威士忌、泡沫鮮奶油。

3

2

1

1. 以虹吸或摩卡壺煮出咖啡,置於一旁備用。
2. 在高腳玻璃杯中倒入三分之一杯的愛爾蘭威士忌。
3. 咖啡杯傾斜45度角,將咖啡注入至八分滿。
4. 擠上泡沫鮮奶油成花狀,上面再灑上細砂糖。
5. 杯緣插上肉桂條,上方再灑上柳橙皮和檸檬皮,就成了一杯上冰下熱、帶有深厚酒香的愛爾蘭香味咖啡。

愛爾蘭香味咖啡

自己做花式咖啡

蛋酒冰咖啡

蛋酒加咖啡，沒見過吧？這是我們的獨門秘方首次公開哦！

 香甜滑潤，說不出的好味道。

 喜歡甜咖啡的人。

 中深烘焙的綜合咖啡、蛋酒、鮮奶、果糖、冰塊。

蛋酒冰咖啡

1. 以摩卡壺煮好咖啡。
2. 仕高腳玻璃杯中倒入十分之一
   比例的蛋酒
3. 在杯中加入冰塊，再注入鮮奶
   至八分滿，上覆一層薄薄的果
   糖。
4. 緩緩注入咖啡，可上覆奶泡，
   就是一杯三色的蛋酒冰咖啡。

冰摩卡咖啡

巧克力向來是咖啡的好朋友，冰摩卡更將他們的關係昇華到極緻。如果怕太甜，可以不要放果糖，但咖啡的層次感也可能會不夠明顯。

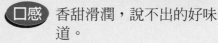

口感 香甜滑潤，說不出的好味道。

適合 喜歡甜咖啡的人。

材料 中深烘焙的綜合咖啡、蛋酒、鮮奶、果糖、冰塊。

冰摩卡咖啡

1. 以摩卡壺煮出咖啡，美式咖啡機也可以，但要煮濃一點。
2. 在玻璃杯中放入冰塊，加入鮮奶至六分滿，再加入一點果糖均勻攪拌。
3. 另外取個杯子，倒進咖啡後，加入少許巧克力醬均勻攪拌。
4. 將咖啡倒入玻璃杯中，上層加上鮮奶油。
5. 灑上巧克力餅乾屑，再將巧克力片、巧克力餅乾斜插在杯緣即可。

抹茶咖啡

簡單又富於變化，上面愛加什麼就加什麼。

自己做花式咖啡

口感 加味咖啡，讓味蕾多了一種變化。

適合 具有實驗精神的人，可以經常創新添加物。

材料 中淺度烘焙的綜合咖啡、鮮奶油、抹茶粉。

抹茶咖啡

水果冰咖啡

這杯花式咖啡很有健康概念，柳澄汁也可以換成其他的百分之百鮮果汁。

口感　一口咖啡，一口果汁的感覺。

適合　在果汁和咖啡間無法做選擇的人。

材料　淺烘焙的哥倫比亞或藍山咖啡、百分之百柳澄汁、果糖。

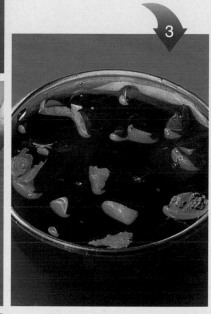

水果冰咖啡

1. 以虹吸咖啡壺煮好咖啡後，放進冰箱。
2. 在玻璃杯中放入冰塊，倒入六分滿的柳澄汁。
3. 加入果糖攪拌均勻。
4. 倒入冰咖啡，咖啡會浮在果汁上，形成漂亮的雙色水果咖啡。

冰紅酒卡布奇諾

多數花式咖啡以白蘭地做搭配，其實紅酒更有特殊風味，不過量的拿捏要得宜，調個味即可。

自己做花式咖啡

 口感　酒香加肉桂，十足美式口味。

 適合　都會女子。

 材料　深烘焙咖啡、紅酒、鮮奶油、肉桂粉。

1. 以虹吸或美式咖啡壺煮好咖啡,放進冰箱冷藏。
2. 將冰過的咖啡倒入玻璃杯中,加入少許紅酒。
3. 從杯緣緩緩倒入鮮奶油,讓鮮奶油浮在咖啡表面。
4. 灑上少許肉桂粉即可。

冰紅酒卡布奇諾

卡布其那

製作這杯看起來就很讓人愉快的卡布其那時，鮮奶油的量要稍多，才能
與柑香酒做完美結合。

自己做花式咖啡

口感　香醇濃稠，滑潤而順口。

適合　心情像陽光般明亮的時候。

材料　深烘焙綜合咖啡、白色柑香酒、鮮奶油、碎冰、巧克力碎片、巧克力棒。

3

1

卡布其那

2

1. 以虹吸或美式咖啡壺煮好咖啡,放入冰箱冷藏。
2. 將冰咖啡、白色柑香酒、鮮奶油、碎冰倒入調酒壺內搖勻。
3. 將咖啡倒入高腳杯中,上面放上巧克力碎片,側邊插上巧克力棒做裝飾,一杯清涼香濃的卡布其那就完成了。

牙買加霜凍咖啡

注意！冰淇淋要融化了！製作過程手腳要快些！

自己做花式咖啡

口感 如同品嚐高品質的蘭姆冰淇淋。

適合 浪漫而帶點神秘的人。

材料 深烘焙牙買加咖啡、黑色蘭姆酒、香草冰淇淋、葡萄乾。

牙買加霜凍咖啡

1. 以虹吸或美式咖啡壺煮好咖啡，放入冰箱冷藏。
2. 玻璃杯中放入冰塊，注入咖啡，加入少許黑色蘭姆酒。
3. 將香草冰淇淋放在咖啡上，再灑上葡萄乾裝飾即可。

咖啡好搭檔

復古型磨豆機
每次約可磨1-2杯的量
約1000元

Philips電子磨豆機
約800元

皇家手搖式磨豆機
下附金屬罐
約990元

家用插電式磨豆機
約800元

咖啡好搭擋

冰滴壺
專門製作冰咖啡
約3000元

越南壺
用法和滴漏式接近
但濾泡時間較長
咖啡味較濁
已經越來越少見
每個約600元

可調粗細磨豆機
約3500元

EUPA RUBANE
電子磨豆機

磨豆機

咖啡罐
兩端可放不同口味咖啡豆，
軟木塞的瓶口設計可防止咖
啡豆變潮，約500元

咖啡好搭擋

奶水罐
約200元

糖罐
約200元

打奶泡器
容量約300ml
約800元

打奶泡器
容量約300ml
約800元

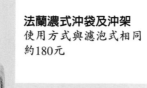

法蘭濃式沖袋及沖架
使用方式與濾泡式相同
約180元

咖啡罐
最常見的家用款，選
購適用的大小即可
約300元

奶水罐
每個約150元

打奶泡器
容量約300ml
約800元

冰滴壺
專門製作冰咖啡
約3500元

咖啡好搭擋

咖啡杯具之美

Sarah's garden，圖案設計清雅而活潑，盤緣那隻蝴蝶像是隨時要淩空而起，適合在早餐時用來喝杯咖啡或紅茶，讓一天都神清氣爽。
(Wedgwood大:$900；小:$810)

咖啡杯具之美

請注意這組「日月」的杯子把手，另外還有「迴轉」、「焦點」等系列，都是兩兩成對，在把手上做對稱設計，所以一次一定要買一對。全磁杯身加上不鏽鋼小匙及杯盤，個性感十足。
(Mono一對：$2400)

2001年的新款「雪蓮」，陶製杯，在歐洲頗受歡迎。
(Wedgwood大:$900；
小:$810)

全磁杯身加不鏽鋼把手，簡單而具有後現代色彩。這個系列還有附濾網的馬克杯、糖罐、保溫壺等。(Mono $1950)

全磁製，圖案及顏色均為手繪，杯緣為24K金，華麗炫目，讓人聯想到中古歐洲宮廷內的貴婦和她們的下午茶。
(KPM $29800)

同樣是全磁製、24K金杯緣，這只杯子沒有華麗感，卻有十足的趣味設計感，杯底的三隻腳和螺旋型手把，都是目光焦點。(KPM $8050)

咖啡杯具之美

這組名為Kurlan的杯組，全磁質材，24K金杯緣，有綾角的把手，為綠白相間的柔和加入些許個性。(KPM $10150)

Berlin系列都是純白磁杯配上一朵小花盤，大方而典雅，這只杯子配的是蓮花，另外還有薰衣草、雛菊等。(KPM $7080)

這組很高貴吧？有沒有讓你聯想到王子或貴族？杯子上的圖案都是手工繪製，看到的金色都是24K金，價格當然也不便宜囉，店家說，購買者大多以收藏觀賞為主，很少人真的拿來用。(KPM $46800)

會讓人聯想到西洋棋的杯組，22K金邊，手把設計和杯身很搭，頗有個性。(福登堡 $2550)

玫瑰圖案通常被用於茶杯組，不過這組咖啡杯用了玫瑰，也蠻有味道，同時請注意把手上的小小變化。(福登堡$1920)

這組Jasper不只是咖啡杯，簡直就是藝術品了，陶製杯身加上藍、綠、紅等染料為底色，再貼上白浮雕，浮雕以希臘、羅馬神話為主，每個杯子都有不同的故事，顏色也有八種之多。(Wedgwood 杯組依大小不同，價格自3350~2400不等)

咖啡杯具之美

Time for Wedgwood以骨磁製成，共有藍、紅、綠、黃、水藍、黑等六個顏色，圖案則以葉子爲主，每個都呈現亮麗典雅的氣息。(Wedgwood $2200)

Wedgwood 的基本款:California & Sterling 金銀杯，永遠不褪流行。
(Wedgwood 金:$1820
銀:$1500)

這組名爲「佛羅倫斯」的杯組很有藝復興的氣息，除了咖啡色的部分外，其餘均爲手工繪製。杯上似龍似鳳的圖案，有點像法國常見的雕像。
(Wedgwood $3100)

咖啡杯具之美

這組「野草莓」是日本最受歡迎的花色，上面的花葉可都是以貼花的方式製成哦！(Wedgwood $1750)

白底配上銀白金邊的Amherst，設計簡單大方而有氣質加上價格不貴，最受年輕族群青睞。(Wedgwood $1770)

這組1920年出產的哥倫比亞系列，戴妃迷不可不知，這是當年世紀婚禮時戴妃的嫁妝之一，有紅藍兩色，傳說是戴妃最愛的杯組之一。(Wedgwood $19425)

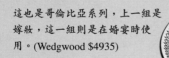

咖啡杯具之美

這也是哥倫比亞系列，上一組是嫁妝，這一組則是在婚宴時使用。(Wedgwood $4935)

Cornucopia系列的圖案看似繁複，其實寓味深遠，仔細瞧瞧，可不是人頭馬腳獸在宙斯面前樂舞慶豐收嗎？這組具有希臘風味的系列，是紀念創始人Wedgwood逝世二百週年的作品。(Wedgwood $2300)

Madeleine以淡黃配上寶藍，是咖啡杯組裡少有的配色，清爽中帶有尊貴。(Wedgwood $3300)

黃底小花，很具有民俗味的圖案設計，這組名為INDIA的杯組，自1996年出廠以來，銷路一直不錯。(Wedgwood $2280)

畫家劉其偉的瓢蟲系列，這兩隻平行的瓢蟲組名為「wait for me!」有的瓢蟲組緊緊相依，還有嘴對嘴的，會讓人發出會心一笑。(我悅 $450)

咖啡杯具之美

溫暖可愛的畫風，一看即知是劉其偉的作品，這組婆憂鳥系列還有水杯、馬克杯等，讓你一次藏個夠。(我悅 $450)

幼犬選養圖鑑

Life Net 生活良品111

根據飼主的生活型態選出速配的愛犬，並根據各種狀況分類作犬種介紹。
將食量、運動量及梳理難易、個性等同居生活必需知道的項目，以難易度表示。
快樂可愛的幼犬圖片滿載大放送。

作者／中島真理　譯者／劉冠德　　　　　　　　　　　　　　定價／320元

我的收藏寶貝

Life Net 生活良品106

　　每個人都有自己的嗜好，而嗜好往往又會促使我們收集某個固定主題的東西，反
過來說，收集某樣東西成癖之後，就變成自己的特色與癖好。本書收入了21種「夢
幻逸品」，分不同價位與主題，有年輕人喜歡的，也有大人才買的起的，每種逸品
有詳細的介紹，包括：背景故事、收藏級款式、價位、相關網站、銷售店家等，讓
有志於收集的人可以獲得第一手重要資訊。

作者／張懿文　攝影／王前政　　　　　　　　　　　　　　　定價／320元

名牌香水60

Life Net 生活良品107

　　本書分爲經典女香、經典男香、以及流行香水三大單元，分門別類介紹60瓶最著
名的名牌香水。從香水的年代、主題、香調，到它們的背景故事、使用建議及周邊
產品。使用香水的小撇步，包括如何在出國旅行時攜帶香水以及使用香水的禮
儀……等等。搭配數百幅精美照片及插畫。

作者／吳蓓薇　　　　　　　　　　　　　　　　　　　　　　定價／320元

名牌高瘋會

Life Net 生活良品108

　　妳是否曾對名店街上美麗的名牌服飾心生艷羨，卻又因爲它們「高貴」的價格而
退避三舍呢？本書作者ELLE國際中文版執行總編輯盧淑芬，要告訴妳名牌服裝不
一定是高不可攀的櫥窗裝飾品，而是眞的可以穿在身上、爲自己增添風采的實用衣
飾。作者精選44種單品價格在5,000元左右的平價服飾名牌，一一爲妳介紹每種品
牌的風格特色和產品項目，讓名牌走進妳的生活，不再可望而不可及。

作者／盧淑芬　　　　　　　　　　　　　　　　　　　　　　定價／320元

5個夢想中的家

Life Net 生活良品109

　　本書介紹當代居家設計最IN的五種風格，告訴你該如何成功地將它們營造
出來，成爲你悠遊其間的小天地。

　　五種最IN的居家風格　1 溫暖厚實的鄉村風格　2 少即是多的東方簡約
3 慵懶休閒的居家度假　4 質樸實際的北歐風格　5 古樸浪漫的懷舊民俗

　　此外，本書還要告訴你　★如何整合五種風格，創造MIX情趣　★如何
配合春夏秋冬四季調整居家佈置　★如何運用簡單風水法則讓你風生水起

作者／陳美宮　　　　　　　　　　　　　　　　　　　　　　定價／249元

La Mode 美人香

Life Net 生活良品110

—精油與香草的20種生活情趣

以沐浴用品、室內薰香、化妝保養、食品調味品、芳香蠟燭，以及美人花草茶等六
大項，介紹實用芳香用品製作配方。照片實做示範。使用器材和原料簡便容易購
買。附芳香植物小字典，介紹迷迭香、薰衣草等卅餘種芳香精油的用途及使用秘
訣。

作者／黃文香　　　　　　　　　　　　　　　　　　　　　　定價／250元

縱橫七海

Life Net 旅行夢想家系列901

　　從喜馬拉雅山到南極、富冒險精神的旅者，絕對獨特性的選擇。經由騎馬、大象、腳踏車、划獨木舟、露營、搭乘破冰船等方式，花費五年、兩百多萬元；換來走過七個大洲，總里程達地球五圈的距離。

作者・攝影／陳玉治　　　　　　　　　　　　　　　　　定價／380元

摩托車遊歐洲

Life Net 旅行夢想家系列902

　　6150公里的長馳，21天的歐洲環遊……台灣文壇小說家師瓊瑜，和國際新聞攝影師克里斯・史道華騎著名叫「賀兒嘉」的800c.c.的紅色BMW摩特車，進行一段即興的、獨特的長征，一次最具挑戰的騎士之旅。

作者／師瓊瑜　攝影／克里斯・史道華　　　　　　　　定價／320元

四季北海道

Life Net 旅行夢想家系列903

　　說起北海道，蹦進腦海的可能是流冰船、薰衣草及雪祭，如此罷了！把日本當家的作者，談起北海道，就不只是這樣。集錄多幅長年來拍攝，北海道精彩的春、夏、秋、冬四季圖片，描述長途旅行中北海道的生活，聽到、看到的點點滴滴，還有作者與愛妻同遊北海道的浪漫愛情故事。

作者・攝影／周業永　　　　　　　　　　　　　　　　定價／250元

跟著大亨去旅行

Life Net 旅行夢想家系列904

　　到哈瓦那尋找古巴雪茄的製作秘密；揭開世界第一郵輪「銀風號」的秘密；曼谷東方飯店百年傳奇和SPA私房秘密；黛安娜王妃與巴黎麗池飯店的百年秘密；《米其林》三星美食和美酒與巴黎飯店的上流社會；世界最豪華的國泰航空香港機場VIP探趣。富豪級行程、夢幻旅程，探險搜尋，以精彩圖文，寫下生命的驚奇，提供最佳的視覺旅行。

作者・攝影／邱一新　　　　　　　　　　　　　　　　定價／320元

鰶魚不再來

Life Net 旅行夢想家系列905

　　透過作者的專業攝影技巧，呈現札幌的銀白雪祭、小樽的浪漫運河、富良野的薰衣草大地……。逼真傳達北海道的小鎮風情；封面及內文編排雅緻，散發小鎮的歷史韻味。深入風土民情、電影情節、當地美食，足跡遍及函館、札幌、小樽、富良野、旭川及目前尚少人成行的極北之地，角度深刻而饒富趣味。

作者・攝影／陳玉治　　　　　　　　　　　　　　　　定價／280元

太雅生活館 編輯部收

台北市郵政53~1291號信箱

電話：02-2880-7556

傳真：02-2882-1026

（若用傳真回覆，請先放大影印再傳真，謝謝！）

地址：

姓名：

太雅生活館

創 造 生 活 的 感 受 · 學 習 優 質 的 品 味